LES ANATOMIES DE LA PENSÉE

Du même auteur
aux Éditions Odile Jacob

La Biologie dans le boudoir, 1995

ALAIN PROCHIANTZ

LES ANATOMIES DE LA PENSÉE

À quoi pensent les calamars ?

EDITIONS
ODILE JACOB

© ÉDITIONS ODILE JACOB, JANVIER 1997
15, RUE SOUFFLOT, 75005 PARIS
ISBN : 2-7381-0448-7
INTERNET : http://www.odilejacob.fr

Introduction

Je me suis donné dans cet essai trois objectifs. Le premier est d'apporter des informations scientifiques, aussi récentes que possible, sur la biologie du développement et de les placer dans le cadre historique de l'invention de la physiologie. On ne s'étonnera donc pas de retrouver l'un de mes personnages favoris en la personne de Claude Bernard. Ces données scientifiques sont assez précises et, de ce fait, courent le risque d'être fragiles, éminemment rectifiables. C'est pourquoi j'ai toujours tâché de les situer dans un contexte plus général, dans une problématique. Le détail de ce qu'on va lire est peut-être d'une vérité éphémère, mais les questions auxquelles ces données expérimentales sont censées apporter des réponses se trouvent au cœur de la biologie du développement.

Un deuxième objectif est de montrer comment la découverte de certains mécanismes génétiques permet d'établir un lien entre développement et évolution. Pour ce, il m'a fallu user de la diversité des espèces, sauter des arthropodes aux vertébrés, glisser du mollusque à *Homo sapiens*, pointant ici les convergences, là les singularités, mais insistant toujours sur la contribution de nos connaissances les plus récentes à la redécouverte de l'unité du monde animal. Cette thèse de l'unification par la génétique du développement des domaines de l'embryologie expérimentale et de l'évolutionnisme méritait d'être développée, car – même si elle semble aujourd'hui acquise – elle n'est pas toujours suffisamment comprise dans toutes ses dimensions.

Une dimension théorique, d'abord, puisque nous percevons bien que reproduction, développement et évolution sont les trois caractéristiques fondamentales des êtres vivants, ce qui les distingue des machines : qu'on me présente une machine qui se reproduit, se développe et évolue, je l'accepterai comme vivante [1]. Il reste que cette convergence entre génétique, développement et évolution ouvre la voie à une théorie biologique ne devant aux autres domaines scientifiques que ces emprunts de bon voisinage qui font la vie ordinaire des théories et des disciplines.

Une dimension pratique également, puisque, grâce à la découverte de ces gènes de développement, l'évolutionnisme trouve un accès à une approche expérimentale. Même s'il manque à cette approche la preuve, qu'il est parfois préférable d'éviter, que les formes nouvelles créées scientifiquement par manipulation génétique sont compétitives dans la lutte pour la vie, il est clair que la possibilité de fabriquer de façon raisonnée de nouvelles formes animales ou végétales ou de faire ressurgir des formes anciennes démontre que les sciences de l'évolution ont atteint un nouvel âge [2]. Autre dimension très pratique et dont les conséquences médicales et économiques n'ont pas encore été perçues par tous, celle de l'utilisation d'organismes très simples pour la compréhension

1. Il faudra pour cela qu'elle accepte aussi de mourir.
2. Certains diront l'âge positif. Pour les raisons qu'on va voir dans un instant, je leur laisse la responsabilité de ce vocabulaire.

rapide des mécanismes impliqués dans les pathologies humaines.

Enfin, une dimension philosophique : par l'analyse des mécanismes génétiques qui fondent le développement et l'évolution des formes animales, nous redécouvrons l'unité profonde de la Nature. Nous avons bien – il faut l'admettre – un ancêtre commun avec la mouche ; c'est visible, en tout cas ceux qui liront cet essai le verront. C'est donc toute une approche romantique et progressiste de la biologie, celle défendue en 1830 par Étienne Geoffroy Saint-Hilaire et Goethe contre Cuvier, qui est ainsi remise à l'honneur. On comprend pourquoi je prenais quelques gants quant à l'accession supposée de la théorie de l'évolution au stade positif, car l'idée d'une biologie romantique n'est pas vraiment en accord avec les conceptions philosophiques dérivées des thèses d'Auguste Comte sur les trois états de la science [3].

Mon troisième objectif était de réexaminer cette fameuse question de la pensée qui est devenue un objet d'étude de la neurobiologie, puisque chacun semble admettre qu'elle est pure fonction cérébrale et comme déposée dans le cerveau. Dans le souci d'éviter les polémiques, je me suis gardé de toute attaque contre les sciences cognitives. Ce fut pour moi une tâche difficile, non parce que j'ai dû mettre un frein à une inclination aussi naturelle que fâcheuse, mais parce que cette discipline ou ces disciplines – comme on voudra, je ne serai pas contrariant – ont une tendance spontanée à se sentir attaquées quand même on ne parlerait pas d'elle(s), ce qui sera le cas dans le reste de cet ouvrage. En effet, j'ai déplacé la question en définissant très largement la pensée comme le rapport adaptatif que les organismes entretiennent avec leur

3. Ces trois états sont l'état théologique, l'état métaphysique et l'état positif.

milieu. Ce déplacement m'a amené à confirmer la proposition que ce sont les corps qui pensent, même si, la pensée étant un rapport entre le vivant et son milieu, on ne saurait lui attribuer une place précise dans l'espace du seul corps.

On comprendra que s'il n'y a pas de corps sans pensée, l'évolution des espèces ne peut que donner naissance à une histoire naturelle de la pensée. C'est dans le cadre d'une telle histoire que je me suis plu à revisiter la notion d'individu et surtout d'individuation. J'ai tâché de montrer comment certaines stratégies de développement ont permis, à partir d'une pensée à l'origine purement clonale, génétique et réflexe, d'évoluer vers une adaptation fondée sur l'individuation, c'est-à-dire sur la capacité d'inscrire dans une structure biologique les leçons de l'histoire individuelle et culturelle.

Cette histoire de l'individu est celle du jeu entre les multiples anatomies de la pensée, ces représentations homunculaires qui ont pris asile – on le verra – dans notre génome, notre corps et notre cerveau.

Chapitre Premier

LE FOIE LAVÉ

Il était un temps, pas si éloigné, où l'on enseignait l'existence de deux règnes dans la Nature. Le premier, le plus noble, le règne animal, se nourrissait du second, le règne végétal, dont il consommait les réserves, de nature essentiellement sucrée, comme l'amidon de la pomme de terre. Les êtres du premier règne étaient pour ainsi dire des machines dont ceux du deuxième constituaient le combustible.

Cette conception de la Nature, héritée de Lavoisier [1], supposait l'existence d'un ou de plusieurs organes capables d'opérer la transmutation par laquelle les réserves ainsi ingérées étaient transformées, brûlées par l'opération de respiration, pour fournir l'énergie nécessaire au maintien de la vie animale, en particulier à la locomotion, propriété spécifique des individus du premier règne.

---

1. Chimiste français, A. Lavoisier (1743-1794) a développé la théorie suivant laquelle l'oxygène se fixe aux substances en combustion. On lui doit l'hypothèse que la respiration serait une oxydation du carbone des aliments. La conception lavoisienne du corps-machine trouve son prolongement dans l'idéalisme de F. Bichat (1771-1802). Ce savant physiologiste qui introduisit une classification des tissus, une anatomie tissulaire, constituant les bases d'une nouvelle anatomo-pathologie, définissait la vie comme l'ensemble des forces qui s'opposent à la mort.

Nous étions alors dans la première moitié du XIXe siècle. Claude Bernard, préparateur de Magendie [2] au Collège de France, s'était donné pour tâche de déterminer la nature du ou des organes responsables de cette transmutation et étudiait plus particulièrement le rôle du foie en injectant du sucre de canne en amont et en mesurant la disparition à la sortie en aval de cet organe. Selon la théorie du moment, le sucre, « aliment respiratoire », devait en effet subir une combustion et sa disparition donner une mesure de cette opération.

Bon scientifique, c'est-à-dire homme scrupuleux, Claude Bernard faisait deux mesures à la sortie du foie et constatait une disparition du sucre. Les deux mesures successives permettaient de donner une moyenne et donc de se prémunir contre les erreurs, toujours possibles, de dosage. Un soir, pressé par le temps, il fit une première mesure et constata, en accord avec la théorie, une baisse du taux de sucre, mais remit la deuxième au lendemain, laissant le lapin, ou plutôt son foie perfusé, sur la table du laboratoire.

Le lendemain, donc, il fit une deuxième mesure et, ô stupeur, constata que la quantité de sucre n'avait pas diminué, mais augmenté. Quand il relata l'événement, Claude Bernard eut cette remarque savoureuse : « D'autres s'en seraient tirés en faisant la moyenne. » Lui agit différemment et, après s'être, par de multiples répétitions de l'expérience, assuré du phénomène, il fut bien obligé de conclure que le foie n'était pas seulement un organe consommateur de sucre, ici de glucose, mais aussi producteur. Il venait de découvrir la fonction glycogénique du foie.

On ne peut, si l'on reste prisonnier du Bernard des

2. F. Magendie (1783-1855) fut le maître de Claude Bernard. Il est considéré comme l'un des pères fondateurs de la physiologie.

programmes de classe terminale, c'est-à-dire du physiologiste réduit à l'inventeur d'une méthode [3], comprendre le sens et l'importance de cette observation qui allait contre le dogme de la séparation entre les règnes animal et végétal. Il suffit pour réaliser à quel point ce dogme était fort de relire l'*Introduction à la médecine expérimentale* : « Il faut donc distinguer, comme nous l'avons dit, les principes d'avec les théories et ne jamais croire à ces dernières d'une façon absolue. Ici nous avions affaire à une théorie d'après laquelle on admettait que le règne végétal avait seul le pouvoir de créer les principes immédiats que le règne animal doit détruire. D'après cette théorie établie et soutenue par les chimistes contemporains les plus illustres [4], les animaux étaient incapables de produire du sucre dans leur organisme... Cette glycogénie animale que j'ai découverte, c'est-à-dire cette faculté que possèdent les animaux, aussi bien que les végétaux, de produire du sucre est aujourd'hui... »

L'idée aux consonances romantiques d'une unité de la Nature accompagnera Claude Bernard dans toutes ses réflexions scientifiques. On la retrouvera dans le titre même des dernières leçons données par le physiologiste, à la fin de sa vie, au Muséum d'histoire naturelle et publiées par ses élèves après sa mort en 1878 : *Leçons sur les phénomènes de la vie communs aux végétaux et aux animaux*.

C'est que l'unité des deux règnes est lourde de conséquences pour la physiologie. Dès lors, les animaux ne

---

3. Contrairement à ce qui est souvent avancé, Claude Bernard n'est pas l'inventeur d'une méthode au sens cartésien du terme, c'est-à-dire d'un ensemble de préceptes généraux qu'il faudrait appliquer pour trouver. La méthode bernardienne est spécifiquement adaptée au vivant et relève plus d'une réflexion sur le « comment ai-je trouvé » que sur le « comment doit-on faire pour trouver ».

4. Il s'agit de Lavoisier, Priestley (1733-1804), Laplace (1749-1827) et Liebig (1803-1873).

sont plus seulement des machines qui, par la respiration, utilisent l'oxygène pour brûler le sucre végétal, mais des machines qui constituent leurs propres réserves pour mieux les libérer dans l'organisme, les sécréter, au fur et à mesure de leurs besoins dans ce fameux milieu intérieur, acquérant ainsi une forme inédite d'autonomie/dépendance vis-à-vis du milieu, extérieur celui-ci.

Cette autonomie/dépendance change le rapport que les organismes entretiennent avec leur milieu. Nous ne sommes plus, comme avec Bichat ou Magendie [5], dans un système où la vie de l'animal-machine est le résultat d'une combustion, où l'air pourvoit l'oxygène nécessaire à la respiration, où les poumons sont un soufflet et le foie une chaudière ; nous passons, par le concept d'adaptation, dans un modèle où, pour reprendre l'analyse de Georges Canguilhem [6], la vie sort de la machine-organisme pour s'installer dans le rapport qui unit les organismes à leur milieu.

Suivons également Canguilhem pour indiquer que cette modification du concept de milieu biologique qui cesse d'être un milieu physique pour devenir un milieu vivant se produit au même moment dans le champ de l'évolutionnisme en passe d'être bouleversé par les conceptions du naturaliste anglais Charles Darwin. Le

---

5. On se rapportera aux *Leçons sur les phénomènes physiques de la vie* de Magendie : « Je vois dans le poumon un soufflet, dans la trachée un tuyau porte-vent, dans la glotte une anche vibrante [...] » et on leur opposera la réflexion de Claude Bernard dans son *Cahier de notes* : « Le larynx est un larynx et le cristallin est un cristallin, c'est-à-dire que leurs conditions mécaniques ou physiques ne sont réalisées nulle part ailleurs que dans l'organisme vivant. »

6. Héritier en histoire des sciences de la tradition bachelardienne, Canguilhem a fourni les analyses les plus éclairantes sur l'histoire de la biologie au XIXe siècle. On lira en particulier *Idéologie et rationalité dans les sciences de la vie* (Paris, Vrin, 1977).

milieu de Darwin diffère de celui de Lamarck [7] par sa vivacité ; il est, en effet, constitué par l'ensemble du monde vivant et le lieu d'une lutte sans merci dont l'issue est la survie du mieux adapté. C'est cette même rupture – croyons-nous – qu'il est nécessaire de garder à l'esprit pour se convaincre que la pensée n'est pas déposée dans le cerveau « comme de la confiture dans un pot », mais qu'elle n'existe que dans ce rapport qui unit les individus à leur milieu. N'est pas machine qui veut.

Le concept de milieu intérieur permettra donc à Claude Bernard de rompre avec une vision purement physiciste du vivant pour réclamer et, en fait, établir, une vraie physiologie, « la physiologie physiologique », qui ne se résume ni à une physico-chimie du vivant ni à une « anatomie animée [8] ». Cela ne signifie nullement, bien entendu, un quelconque mépris ou désintérêt pour la physique ou la chimie ; Bernard fut, à sa façon, et avec l'aide de Barreswil, Pelouze ou Berthelot [9], avec lesquels il collabora au Collège de France, le premier biochimiste. La liste serait longue, en effet, des marques d'intérêt de Bernard pour l'approche physico-chimique. Pensons, par exemple, à ses travaux sur les graisses animales, la formation du monoxyde de carbone, le mécanisme de dégradation du glycogène, etc.

Cependant, le milieu intérieur des physiologistes et le milieu de Darwin – qui devient un milieu vivant où

---

7. Naturaliste français, J.-B. Lamarck (1744-1807) voyait dans la transmission des caractères acquis l'explication de l'adaptation des organismes à leur milieu. Sa *Philosophie zoologique* (1809) est la première théorie consistante sur l'évolution des formes organiques. C. Darwin (1809-1892) propose dans *De l'origine des espèces* (1859) la première explication rationnelle du moteur de l'évolution : la survie du mieux adapté.

8. Expression du physiologiste suisse A. Haller (1708-1777).

9. C. Barreswil (1817-1870), T. Pelouze (1807-1867) et M. Berthelot (1827-1907) ont longuement collaboré avec Claude Bernard.

s'ébrouent, dans une grande symbiose, prédateurs et proies – marquent par leur entrée dans le paysage des sciences de la vie une rupture définitive avec le milieu des physiciens, l'éther post-newtonien [10]. Elle s'effectue en très peu de temps, puisque Bernard et Darwin publient leurs ouvrages majeurs en ce sens entre 1840 et 1860, mais change du tout au tout la conception que l'on se faisait de l'animal. En pénétrant dans le vivant par le poison, par le scalpel et à l'aide des théories successives qui, guidant la main, produisent ou éclairent les faits scientifiques [11], Claude Bernard invente cette fameuse médecine expérimentale qui sort l'animal du cadre conceptuel qui lui avait été fixé par Descartes et qui avait dominé jusqu'au milieu du XIXe siècle.

Il faut donc s'y résoudre, la vivisection a rendu sa dignité à l'animal et c'est grâce à elle que nous pouvons aujourd'hui considérer celui-ci comme un être vivant et souffrant, doué même de sentiments [12]. Là encore, même si les deux hommes ne se sont pas connus, ou plutôt se sont ignorés, on retrouvera une parenté entre Bernard et Darwin, le savant britannique étant l'auteur d'un texte, *L'Expression des émotions chez l'homme et les animaux*, dans lequel, par l'analyse des postures et des faciès dans différentes situations (joie, peine, soumission, colère), il propose l'existence d'une communauté évolutive, une « évolution sentimentale », pour reprendre le titre d'un ouvrage récent de Yves-Alain Fontaine [13]. Il est vrai

---

10. Sur cette double rupture, voir en particulier deux recueils de textes publiés par Canguilhem chez Vrin en 1975 : *Études d'histoire et de philosophie des sciences* et *La Connaissance de la vie.*

11. Les faits scientifiques sont, en effet, rarement des faits d'évidence, mais des faits théoriques construits contre l'évidence.

12. Les défenseurs des droits (ou supposés tels) des animaux, plutôt que de conspuer le physiologiste, seraient mieux inspirés de lui élever quelques statues.

13. Paris, Odile Jacob, 1996.

que Bernard, bien que critique vis-à-vis des positions d'Auguste Comte, fut néanmoins suffisamment prisonnier de la philosophie positive pour nier la valeur scientifique du darwinisme qu'il considérait comme une œuvre poétique [14]. L'évocation de ces phares de la biologie du XIXe siècle que furent Bernard, Darwin ou Goethe, mais aussi celle des électrophysiologistes prussiens von Helmholtz (1821-1894) ou Du Bois-Reymond (1818-1894), met en lumière cette opposition qui travaille la science biologique – et la travaillera encore longtemps – entre ceux qui veulent la faire entrer dans le cadre théorique de la physico-chimie et ceux qui pensent, aussi vrai qu'un « animal mort diffère d'un animal vivant », qu'elle mérite la construction d'une théorie singulière permettant de penser des phénomènes propres au vivant comme la reproduction, le développement et l'évolution. Bernard n'est ni tout à fait du côté de Goethe ou Darwin, trop romantiques pour son positivisme, ni tout à fait de celui de von Helmholtz ou Du Bois-Reymond, pour lesquels il a des mots pleins d'une douce ironie [15]. Il occupe une position contradictoire et particulière qui rend son œuvre difficile à comprendre si l'on ne saisit pas qu'elle est justement l'expression d'un débat interne dans lequel le physiologiste se saisit de tout ce qui

14. Claude Bernard voyait en Darwin un sorte de Goethe britannique. Cependant, contrairement à l'opinion de Bernard, par exemple, ou de Cuvier, Goethe fut aussi un biologiste éminent.

15. Dans le *Cahier de notes 1850-1860* (Paris, Gallimard, 1965), on peut lire : « J'ai donc eu pour objet de pousser plus loin l'analyse, parce qu'il y a des hommes qui s'occupent seulement de chercher la loi de ce qui est connu mais qui ne cherchent pas à connaître du nouveau : Helmholtz et Du Bois-Reymond, etc., sont dans ce cas. J'ai voulu représenter le côté d'invention. » Et seulement quelques lignes plus loin pour qu'on ne s'y trompe pas : « Les uns sont préparés de longue main et marchent en suivant le sillon qui était tracé. Moi je suis arrivé dans le champ scientifique par des voies détournées et je me suis délivré des règles en me jetant à travers champs, ce que d'autres n'auraient pas osé faire. »

constitue son environnement philosophique et physiologique pour comprendre ce qu'il a trouvé et comment il l'a trouvé.

Revenons au milieu intérieur ; il faut le voir comme circulant dans tous les interstices de l'organisme dont il est une sécrétion interne – c'est une des leçons de l'expérience du foie lavé –, mais dont il est aussi le constructeur. Constructeur au titre de support à la circulation des nutriments, des globules rouges dont le rôle dans l'apport d'oxygène et dans la respiration de chaque cellule est fondamental. Constructeur surtout en tant qu'il permet la circulation des hormones qui fédèrent organes et cellules (bien que tardivement, Bernard s'est rallié à la théorie cellulaire) en un tout physiologiquement unifié. Là encore, on peut mesurer le parallèle tracé, mais aussi l'écart creusé, entre le milieu intérieur, support des forces unificatrices de l'individu vivant, et l'éther post-newtonien, support des forces s'exerçant sur les objets physiques et assurant la cohésion de l'Univers.

La force vitale, terme souvent retrouvé sous la plume de Bernard, est, de fait, directement décalquée du concept de force physique et n'a pas, dans ce contexte, le sens vitaliste qu'on lui attribue communément (mais on trouve aussi chez Bernard d'authentiques accents vitalistes). Comme la force en physique s'oppose au principe d'inertie, la force vitale s'oppose aux principes vitaux que Bichat, entre autres, voit à l'œuvre au sein de chaque tissu ; elle est donc bien un concept matérialiste. N'oublions jamais que Bernard se pose comme le Newton de la biologie [16].

---

16. Kant ne pensait pas qu'il pût y avoir un « Newton du brin d'herbe ». Dans son *Introduction à la médecine expérimentale*, Claude Bernard se pose explicitement comme tel. J'ai tâché d'analyser cet aspect de la pensée du savant et d'autres points de son engagement physiologique dans *Claude Bernard, la révolution physiologique* (Paris, PUF, 1990).

Le milieu intérieur nourrit donc l'organisme d'une façon très particulière, dans la mesure où il est le lieu d'une médiation entre l'extérieur et l'intérieur. Il est nutritif au double sens qu'il sert de véhicule à la circulation des nutriments et qu'il participe au maintien de l'intégrité morphologique des organismes. En cela, il est organisateur et l'on comprend dès lors ce que Bernard veut dire quand il décrète que la nutrition n'est pas seulement organique (au sens lavoisien de chimie organique), mais aussi organogénique ou organisatrice.

Le vivant, pour Bernard, se construit en permanence au fur et à mesure qu'il se détruit, et c'est la même physiologie qui est au travail dans les deux processus, car il n'y a pas une physiologie pour construire les organismes et une physiologie pour les détruire, une physiologie pour le normal et une autre pour le pathologique [17]. C'est le fameux double aphorisme de Bernard : « La vie c'est la mort, la vie c'est la création », par lequel il se démarque du vitalisme de Bichat qui oppose nettement les processus vitaux et les processus morbides.

Dans la conception bernardienne du vivant, chaque organisme, comme animé d'une embryogénèse silencieuse, est le siège d'un double mouvement permanent de destruction et de construction, le second annulant le premier. On comprend la fascination que Bernard éprouva pour le développement biologique, auquel il ne consacra que des travaux épars, mais qui resta chez lui l'objet d'une réflexion constante. Pour s'en convaincre, il n'est qu'à lire ses carnets de notes et ses livres de laboratoire ou même relire les pages des

17. Tant pis pour les idées simplistes des décideurs toujours en mal d'applications rapides de la biologie à la médecine : toute compréhension d'un phénomène normal, toute recherche fondamentale, peut éclairer un processus pathologique.

Leçons sur les phénomènes communs aux animaux et aux végétaux consacrées à la définition de la vie : « La matière ambiante s'assimile aux tissus, soit comme principe nutritif, soit comme élément essentiel. L'organe est créé, il l'est au point de vue de sa structure, de sa forme, des propriétés qu'il manifeste. D'autre part, les organes se détruisent, se désorganisent à chaque moment et par leur jeu même ; cette désorganisation constitue la seconde phase du grand acte vital. »

La question du développement est donc au centre de l'œuvre de Claude Bernard et, au-delà, de la compréhension des phénomènes physiologiques normaux et pathologiques. Contrairement à une idée solidement ancrée dans les esprits, le vieillissement et la maladie ne sont pas le résultat d'une descente plus ou moins rapide depuis un âge d'or de l'organisme vers la décrépitude et la mort au sens où nous serions munis d'un stock de lymphocytes, de neurones, etc., dans lequel nous puiserions jusqu'à épuisement. En fait, si nous sommes bien le siège d'un double processus de construction et de destruction, les causes, inéluctables bien sûr, du vieillissement et de la maladie sont à rechercher dans les dérèglements de ce double processus [18].

C'est dans ce contexte d'un organisme qui pousse par le bas alors qu'il se consume par le haut, image à ne pas prendre au pied de la lettre de la bougie dont cire et mèche grandissent toujours du côté opposé à la flamme (on voit la différence avec la bougie qui se consume sans se réparer), qu'il faut mettre en lumière

---

18. Qu'on note à ce propos à quel point les positions de Claude Bernard sont éloignées d'une simple thermodynamique du vivant, d'une application d'un principe d'entropie. En fait, l'idée vitaliste d'une lutte entre une force de conservation vitale et des éléments morbides de désorganisation est, elle, beaucoup plus voisine des conceptions thermodynamiques ayant donné lieu à l'application en biologie des théories de l'information.

toute l'importance des processus de régulation, par lesquels de petites modifications dans la vitesse, la forme ou la précision d'un processus de construction ou de destruction (division ou mort cellulaire par exemple) peuvent avoir des conséquences catastrophiques sur la vie des organismes. Ainsi ces tumeurs lymphocytaires qui ne sont pas dues à un excès de prolifération, mais à un déficit de mort, à l'oubli que certaines cellules ont de mourir [19].

Que l'équilibre de croissance et de destruction d'une population cellulaire même mineure dans l'organisme soit affecté par une variation de synthèse, fût-elle très faible, d'une seule protéine parmi les milliers qui composent la cellule, et adieu l'harmonie du corps, bonjour la maladie et la mort ! Le maintien de l'homéostasie génétique et moléculaire, c'est-à-dire le contrôle des variations d'expression de certains gènes, est donc de la même importance que celui de la température corporelle ou de l'acidité sanguine. Nul humain ne résistera longtemps, on le sait, à des variations de l'ordre de 10 % de sa température corporelle. Pour comprendre ce qu'est le vivant, il nous faut donc réintroduire non plus seulement la génétique dans la physiologie, mais bien la physiologie dans la génétique, c'est-à-dire comprendre l'importance de la régulation physiologique comme outil pour maintenir un équilibre, y compris génétique, dans les bornes étroites des variations compatibles avec la vie. Pour la simple raison que les organismes sont en embryogénèse silencieuse, c'est un nouveau chapitre de la physiologie qui peut s'ouvrir aujourd'hui par le biais de la biologie du développement.

On pourra, à juste titre, s'interroger sur le blocage de Bernard quant à une approche expérimentale du développement. En effet, alors, nous l'avons vu, que cette question est au centre de son œuvre et de sa

19. Ce point sera repris et développé au chapitre V.

réflexion, alors que se développe, en Allemagne notamment [20], une école d'embryologie dont les principes scientifiques sont on ne peut plus bernardiens, Claude Bernard reste, à de rares expériences près, comme sourd à l'approche expérimentale en biologie du développement.

Ce phénomène est assez facilement analysable. Une première explication, la plus évidente, est que le développement, dans son aspect nutrition organogénique, peut être partiellement maîtrisé dans le cadre de la physiologie des organismes adultes avec la conviction justifiée qu'ils sont d'un maniement plus aisé et que les principes qui seront découverts grâce à ces expériences sur l'animal développé resteront valides pour l'animal en développement. La deuxième est que, en deçà de la construction des formes en tant que processus temporel, développemental et visible, il y a leur hérédité, leur permanence invisible au fil des générations ; Bernard, mais pas seulement lui, est extrêmement mal à l'aise avec cette question de la transmission héréditaire de la forme.

Il faut comprendre que Bernard se pense comme celui qui a sorti la physiologie de l'âge métaphysique pour la faire entrer dans la période positive et que ce progrès a été rendu possible par l'invention d'une méthode expérimentale adaptée au vivant. Il est donc, de par cette distinction même entre les différents âges de la science, un élève attentif d'Auguste Comte même si, par ailleurs, il sait répudier toute ingérence philosophique dans le domaine de la physiologie : « physiologiste est maître chez soi ». C'est ce positivisme qui

20. W. Roux (1850-1924) sera effectivement, en Allemagne, le pionnier de l'embryologie causale, mais que l'on pense également à His (1831-1904), Weismann (1834-1914) ou encore Driesch (1867-1941) pour saisir qu'une grande école est en train de naître qui culminera avec les travaux de Spemann (1869-1941) sur l'induction neurale.

amène Claude Bernard à négliger l'importance de Darwin et à poétiser son œuvre parce que l'évolution, en tant qu'elle est évolution des formes animales ou végétales, échappe à l'expérience et reste, de ce fait, à l'âge métaphysique. Elle est pour Bernard une branche de la zoologie ou de l'anatomie, descriptive certainement, comparée sans aucun doute, voire animée, mais non expérimentale.

Dans l'esprit scientifique du XIXe siècle, l'évolution et le développement ont à juste titre partie liée, à tel point que le terme d'évolution englobe les deux processus. On sait que Haeckel [21], en Allemagne, va s'opposer un peu plus tard à la jeune embryologie expérimentale et, campé sur des positions hyperthéoricistes, ne voir dans l'étude des différents stades du développement, en relation avec l'anatomie comparée, qu'une preuve de l'évolution. On voit là que le statut de la preuve pour Haeckel est fondamentalement différent de celui des bernardiens et, jusqu'à aujourd'hui même, de leurs successeurs.

C'est dans cette question de la forme en tant qu'elle est héritable (même si l'évolution peut en modifier tel ou tel aspect) que réside l'obstacle rencontré par Claude Bernard. En effet, il est impossible d'expérimenter sur les déterminants qui rendent compte de cette hérédité. Ici réapparaît donc cette vieille controverse que l'on avait cru réglée depuis longtemps, celle du préformationnisme de Bonnet et de l'épigénétisme de Wolff [22]. De la théorie des emboîtements, par

21. E. Haeckel (1834-1919), zoologiste allemand dont il sera amplement question dans les deux prochains chapitres.

22. C. Bonnet (1720-1793), naturaliste suisse, est un des théoriciens avec A. von Haller (1708-1777), du préformationnisme (théorie des emboîtements). On doit à K. F. Wolff (1733-1794) le retour à une conception épigénétique, c'est-à-dire dans laquelle le développement est vu comme le fruit d'un processus graduel impliquant des modifications cellulaires et tissulaires incompatibles avec la conception animalculiste des préformationnistes.

laquelle dans le spermatozoïde ou l'ovule (selon qu'on est spermiste ou oviste) le petit de l'homme est, à l'infini, représenté, le développement n'étant qu'un simple agrandissement au sens photographique du terme, il ne reste en ce milieu du XIXe siècle pas grand-chose. L'examen microscopique a en effet démontré l'absence d'une représentation en miniature, d'un homunculus, ou plus largement d'un animalculus, et apporté la preuve que le développement résulte d'une série de divisions, de mouvements, de différenciations, bref de tout un travail épigénétique qu'il est désormais de la tâche des embryologistes de déchiffrer.

Mais, à la suite de Balbiani [23], il est vite apparu, à Claude Bernard entre autres, à travers la question de la permanence de la forme chez l'adulte, mais également de génération en génération, que la théorie de l'homunculus, celle de la représentation de la forme au niveau de l'œuf, pourrait avoir été rejetée trop rapidement au profit d'une théorie résolument et unilatéralement épigénétique. En effet, comment expliquer l'atavisme des formes ? Comment comprendre que d'un œuf de poule, qui n'est jamais qu'une cellule unique, surgisse immanquablement un poulet ?

Il doit bien y avoir là une explication scientifique, une expérimentation possible puisque, de façon empirique, les éleveurs et les agriculteurs sont capables de modifier la forme et les propriétés des organismes, végétaux et animaux, par des sélections et des croisements, et de maintenir ces modifications au travers des générations. Mais voilà, dira Bernard, ces facteurs qui rendent compte de l'atavisme morphologique, nous les suspectons, mais nous ne les maîtrisons pas expérimentalement ; c'est pourquoi la morphogénèse, la science du développement, comme celle de l'évolution, restent pour l'instant – c'est toujours Bernard qui

23. É. Balbiani (1825-1899), biologiste suisse.

parle – hors du domaine de l'expérimentation ; elles sont des branches de la zoologie qui, au contraire de la nouvelle physiologie, est pré-positive, ou, si l'on préfère, métaphysique. C'est dire l'opprobre !

Chapitre II

L'ŒUF ET LA POULE

Nous venons de voir comment l'expérience du foie lavé a pu renverser la conception que, depuis la fin de la Renaissance, on se faisait du vivant et a rendu à celui-ci à la fois son unicité et son originalité par rapport au monde inorganique, sa vivacité en quelque sorte. L'émergence d'un vivant-vivant pose la question de la nécessité d'une science du vivant qui soit autre chose qu'une « anatomie animée » ou qu'une physico-chimie appliquée à la biologie, une « physiologie physiologique » pour reprendre une fois encore les termes mêmes de Claude Bernard.

Ce deuxième chapitre sera donc fondé sur une autre de mes expériences favorites, celle de l'œuf et de son produit prédictible. D'un œuf de poule sortira toujours un poussin, d'un œuf de lapin un petit lapin, d'un œuf humain un petit d'homme. Ce sont là des expériences qui ne ratent jamais. On peut en inférer que l'œuf contient, en puissance, une image ou un plan de l'organisme achevé ainsi que les éléments nécessaires à son développement. Ce passage de l'œuf à l'organisme est justement l'objet de l'embryologie ou de la biologie du développement qui englobe aujourd'hui l'embryologie expérimentale et la génétique du développement.

Il faut souligner ici que la fusion de l'embryologie expérimentale et de la génétique du développement au sein d'une branche de la biologie qui englobe par ailleurs des pans entiers de l'évolutionnisme est un événement récent stimulé et amplifié par la découverte des gènes de développement [1]. Depuis 1870, en effet, on peut dire que les trois domaines de l'embryologie, de la génétique et de l'évolution se sont comme cherchés sans vraiment réussir à fusionner. Les raisons de cette valse hésitation sont à chercher dans l'histoire de ces disciplines depuis la fin de la première moitié du XIXe siècle. La première personnalité que l'on peut évoquer pour comprendre cette situation est Ernst Haeckel, savant allemand, introducteur de Darwin en Allemagne, et matérialiste convaincu et militant.

Pour ne pas mélanger les genres, je ne parlerai pas ici des thèses eugénistes qu'il put défendre, comme beaucoup de biologistes, en cette période fortement marquée par le darwinisme social [2]. Ces thèses furent utilisées, après sa mort, en 1919, par les idéologues nazis et, en retour, elles ne font pas honneur à la mémoire de Haeckel, même s'il est indispensable, sauf à dire n'importe quoi (par exemple qu'un homme mort

---

1. Je renvoie à l'un de mes précédents livres, *Les Stratégies de l'embryon* (Paris, PUF, 1988), ceux qui voudraient une analyse plus détaillée que celle qui va suivre sur cette question de la fusion impossible des trois domaines de la génétique, de l'embryologie expérimentale et de l'évolutionnisme.

2. Le darwinisme social est une tentative d'appliquer la théorie darwiniste à la sphère socio-économique, donc de donner une justification biologique à l'organisation sociale en classes, à l'oppression et au racisme. On sait qu'à l'extrême surprise (et soulagement) de son auteur, la théorie de Darwin, malgré son aspect irrecevable sur le plan de la doctrine des Églises, reçut un accueil très favorable et fut popularisée très rapidement, justement parce qu'elle apportait de l'eau au moulin des classes dirigeantes de l'Angleterre victorienne en pleine révolution industrielle et au moment des premières vagues colonialistes.

en 1919 fut un nazi), de prendre quelques précautions dans les jugements que l'on porte à quelque cent vingt années de distance alors que les environnements idéologiques ont changé et que l'histoire est passée par là avec sa trace sanglante.

C'est son matérialisme, son antipapisme militant, qui a sans aucun doute poussé Haeckel à consacrer une part importante de son existence à la théorie de l'évolution et à l'introduction des thèses darwiniennes sur le continent, principalement en Allemagne, la France étant restée longtemps hostile à la greffe darwinienne. C'est dans cette optique qu'il s'attache à rechercher des similitudes entre les différents stades du développement d'un vertébré et les différentes formes adultes qui, dans un embranchement donné, vont venir orner l'arbre généalogique de l'évolution des espèces. Il en tire sa loi de la récapitulation – « l'ontogénèse récapitule la phylogénèse » –, ce qui signifie qu'au cours de son développement embryonnaire un individu passe par tous les stades parcourus par ses ancêtres évolutifs. Il ajoute à cette loi celle de l'addition terminale, toute nouveauté évolutive ayant dû se produire à la fin du processus développemental de l'ancêtre immédiat.

On sait, et cela a été analysé par Stephen Jay Gould [3], mais avant lui également par Gawin De Beer [4], à quel point ces constructions théoriques étaient entachées d'erreurs, l'addition terminale étant la plus frappante de ces erreurs dans la mesure où

3. Le paléontologue américain S. J. Gould a joué un rôle important dans la mise en place et la popularisation d'une nouvelle conception de l'évolution des espèces. De lui, on lira principalement *Ontogeny and Phylogeny* (Harvard University Press, 1977).

4. Dans *Embryos and Ancestors* (Oxford, Clarendon Press, 1958), le biologiste anglais G. De Beer a développé l'idée de l'importance des gènes de développement et du temps du développement dans la création de nouvelles espèces.

l'évolution a travaillé à des stades divers du processus développemental, parfois en introduisant une variante au tout début de l'embryogénèse, avec des conséquences en cascade sur le développement. C'est la célèbre vision du « monstre porteur d'espoir » (d'espoir évolutif, bien sûr) de R. Goldschmidt [5]. C'est, dans la bouche de De Beer, en miroir de l'embryogénèse silencieuse, l'évolution clandestine qui, touchant l'embryon, ne laisse pas de trace visible parce qu'elle disparaît des couches géologiques qui ne conservent que les formes adultes [6]. C'est enfin la fameuse néoténie, qui ralentit le temps du développement pour certains organes, l'exemple le plus frappant étant celui d'*Homo sapiens* qui, par certains caractères, offre des ressemblances frappantes avec l'embryon de chimpanzé [7]. Il reste, et j'y reviendrai plus loin, qu'il ne faut pas jeter le bébé avec l'eau du

---

5. Généticien allemand, R. Goldschmidt (1878-1958) a contribué au concept de macro-évolution. Il pensait, en effet, que l'apparition de nouvelles espèces pouvait provenir de mutations dans des gènes de développement et donc se faire comme du jour au lendemain *(hopeful monster)*. Il rencontra l'hostilité active des fondateurs de la théorie synthétique de l'évolution, en particulier T. H. Morgan (1866-1945) pour qui l'apparition d'une nouvelle espèce était forcément le résultat de l'accumulation de petites mutations sur une longue période (gradualisme). On lira de Goldschmidt la réédition de *The Material Basis of Evolution* (Yale University Press, 1982).

6. L'absence de formes intermédiaires dans les couches géologiques constituait un obstacle à la compréhension d'une évolution graduelle, sans saut. T. H. Huxley (1825-1895), ami de Darwin, lui avait fait la remarque qu'il s'encombrait d'une difficulté inutile et ne collant pas avec la réalité géologique en affirmant que *Natura non facit saltum.*

7. La néoténie est le maintien de caractéristiques embryonnaires, donc un ralentissement du temps du développement, chez un organisme sexuellement mature. Le pouce non opposable aux autres doigts dans le membre inférieur, comme la position antérieure du vagin ou encore la faible pilosité, sont des caractères retrouvés chez le jeune singe et sont donc considérés comme néoténiques chez l'homme.

bain et que nombre des découvertes récentes en biologie du développement apportent une eau neuve au moulin haeckélien.

Pour reprendre l'argumentation de Gould, l'embryologie de Haeckel est une science morte, une zoologie. Elle consiste en la description de tous les stades du développement embryonnaire qui deviennent, pour Haeckel, une preuve de l'évolution au même titre que la description des espèces animales et végétales dans les différentes couches géologiques. Par exemple, les branchies du têtard sont la preuve du statut aquatique de l'ancêtre des batraciens avant d'être une forme d'adaptation de l'embryon à son milieu. À l'inverse de Darwin qui a proposé – c'est là son apport majeur – un mécanisme évolutif, la lutte pour la vie et la survie du mieux adapté, Haeckel ne s'intéresse nullement à la mécanique du développement. Il perçoit avec une intelligence remarquable, et l'avenir lui donnera raison sur ce point, qu'il existe un rapport entre les mécanismes évolutifs et développementaux ; mais, de façon presque similaire à Claude Bernard, il pense que la compréhension de ces mécanismes est hors d'atteinte.

Il est vrai que Bernard, comme Darwin, comme Haeckel, ignore la découverte de Mendel [8] sur la ségrégation indépendante au cours des générations des déterminants de la forme et de la couleur des pois, découverte qui ouvrira la porte à la compréhension des mécanismes de recombinaison des caractères et permettra d'expliquer comment, à travers ces nouvelles combinatoires de ce qu'on n'appelle pas encore

8. G. Mendel (1822-1884) était un généticien tchécoslovaque. Son rapport sur la ségrégation des caractères passera inaperçu et sera redécouvert au début du XXe siècle par le généticien hollandais H. De Vries (1848-1935).

des gènes – et pour cause –, peuvent apparaître de nouvelles variétés, de nouvelles formes, qui donneront prise à la sélection naturelle.

C'est au nom de la priorité donnée à faire de l'embryologie descriptive une branche de l'anatomie comparée et une preuve du processus évolutif que Haeckel s'oppose de toute son autorité au développement de l'embryologie expérimentale qui cherche à naître en ce milieu de siècle. De Beer va jusqu'à parler de la véritable camisole de force que Haeckel aurait imposée à l'embryologie expérimentale et raconte comment il ridiculisa His [9], qui cherchait à expliquer la mécanique de certains processus développementaux, en déclarant qu'il considérait que ses contemporains avaient mieux à faire en embryologie que de discuter les phénomènes de tension des feuillets embryonnaires et autres questions semblables puisque toutes les explications en embryologie « doivent par nécessité être de nature phylogénétique ».

On ne peut pas, cependant, réduire la position de Haeckel à un simple opportunisme dont l'origine serait purement idéologique, antireligieuse pour une bonne part. Au-delà des luttes de pouvoir, à l'intérieur et à l'extérieur de l'institution universitaire, ce sont deux conceptions de la science qui s'affrontent et, dans ce débat, Haeckel représente une sorte d'arrière-garde antipositiviste. Il est l'un des derniers représentants de la grande tradition romantique et progressiste, que l'on pense au cas de Geoffroy Saint-Hilaire, soutenu par Goethe dans sa controverse avec Cuvier (nous y reviendrons). Pour lui, le critère exclusif de scientificité d'une théorie ou d'un modèle n'est pas à

---

9. W. His (1831-1904), embryologiste suisse conceptuellement très proche de d'Arcy Thompson (1860-1948), a tenté de donner des explications mécaniques (tension superficielle, forces de compression, etc.) à la morphogénèse des embryons.

chercher dans ce qui, en germe dans la philosophie comtienne, deviendra la réfutabilité de K. Popper [10]. Non, il tient – et, sauf à accepter que la théorie de l'évolution n'est pas une théorie scientifique (comme ce fut l'opinion de Bernard), il faut lui donner raison [11] – qu'un autre critère de la scientificité d'une théorie est sa capacité à expliquer le plus grand nombre de faits, si possible en faisant apparaître des correspondances entre des phénomènes sans lien apparent. Cette conception présente de fortes consonances romantiques, en particulier par la référence implicite à l'unité de la Nature, et place certainement Haeckel du côté de Goethe plutôt que de von Helmholtz, pour rester en Allemagne. Il est intéressant dans ce cadre de revenir un peu à Claude Bernard qui occupe là une position assez médiane, puisque, inventeur de la médecine expérimentale et grand donneur de conseils, voire de leçons, en matière de contrôles, de reproductibilité, de précautions à prendre dans l'interprétation des faits scientifiques, il reste cependant capable, comme il le dit lui-même, de « se jeter à travers champs », contrairement à ceux, suivez mon regard au-delà de la ligne bleue des Vosges, qui restent dans le sillon tout tracé (amabilités, on l'a vu, adressées à ses amis von Helmholtz et Du Bois-Reymond).

La camisole de force, à vrai dire, a aujourd'hui changé de camp, installant la religion du phénomène bien observé et supposé capable (c'est ce qu'on enseigne en tout cas aux étudiants), sans aucune inter-

10. K. Popper (1902-1994) a proposé le critère de réfutabilité comme seul capable de distinguer, parmi les propositions qui font sens, celles qui sont véritablement scientifiques. On lira de lui *Logic of Scientific Discovery* (1934).

11. C'est sur cette base positive que, aux États-Unis, des groupes religieux tentent, et réussissent parfois, de s'opposer à l'enseignement de la théorie de l'évolution ou d'exiger qu'elle soit présentée à égalité avec les thèses créationnistes. Voir par exemple L. Cavalli-Sforza, *Gènes, peuples et langues* (Paris, Odile Jacob, 1995).

vention de la spéculation ou de l'imagination, d'induire une construction théorique. Nous sommes en effet parvenus, après bien des efforts pour éliminer toute trace d'esprit inventif autre que technique, à ce degré zéro du positivisme [12] où nous pouvons enfin confondre les phénomènes mis en évidence et décrits dans leur pureté grâce à l'amélioration formidable de la technologie avec des faits scientifiques, c'est-à-dire des constructions théoriques au sein desquelles les phénomènes sont pour ainsi dire dépliés dans un réseau de relations causales. Un fait scientifique ainsi conçu est évidemment moins rassurant, car, ouvrant une brèche au risque de la pensée, il se trouve être bien souvent en contradiction avec l'évidence plate des phénomènes observés de façon non critique et en opposition avec les dogmes établis.

Nous verrons dans les pages qui suivent comment, contre l'évidence même, il est petit à petit apparu que les spéculations romantiques de Geoffroy Saint-Hilaire [13], entre 1822 et 1830, sur la communauté des plans d'organisation des invertébrés – insectes et arthropodes – et des vertébrés se sont trouvées renforcées par les découvertes les plus récentes de la biologie moléculaire du développement.

Il serait faux, absurde même, de croire que les scientifiques pratiquent toujours ce qu'ils prêchent. Scientifiquement corrects, ils s'adonnent néanmoins parfois aux plaisirs interdits de la spéculation, honteuse, et de l'intuition, furtive. L'attitude est souvent puritaine et

12. Il s'agit évidemment de l'interprétation qui en est donnée, de son « application abâtardie » par le sens commun. Le positivisme n'est pas ici remis en question en tant que courant philosophique majeur, même si nous considérons que d'autres courants, en particulier le bachelardisme, sont également pertinents pour aider à la *Formation de l'esprit scientifique*.

13. É. Geoffroy Saint-Hilaire (1772-1844), biologiste français dont il sera amplement question dans la suite de cet ouvrage.

de qualité victorienne ; aussi les étudiants les plus curieux, maintenus aussi longtemps que possible dans une dévotion quasi religieuse vis-à-vis de la pureté phénoménologique, découvrent-ils un jour avec horreur, et délice, que leurs professeurs ont un cerveau et qu'ils s'en servent. Il reste que nombre d'entre eux demeurent pour le restant de leur vie scientifique incapables de sortir de la phénoménologie la plus plate ; eunuques de l'intelligence, ils s'en établissent châtreurs, ce qui n'est pas forcément incompatible avec de belles carrières universitaires.

L'équilibre, en cette matière, n'est pas dans le juste milieu, mais dans la capacité à coller au plus près de l'observation, du phénomène, tout en le transformant en fait scientifique grâce à la théorie et l'imagination, utilisées comme des scalpels, c'est-à-dire comme des constructions intellectuelles provisoires. Cet aller-retour par lequel la science se refuse à être pure spéculation, mais s'interdit en même temps d'être pure collectrice de faits dont jaillira un jour, comme par miracle, la lumière, est parfaitement illustré par la démarche bernardienne.

Après cette digression, revenons à notre œuf pour considérer le problème posé : il y a dans la forme des animaux et des végétaux un élément héréditaire sans lequel il serait impossible de comprendre que la forme du descendant soit immédiatement prédictible une fois connue l'origine de la graine ou de l'œuf. Pour autant, il n'y a pas d'homunculus visible et l'invention du microscope a bien démontré que le développement est le résultat d'un processus épigénétique au sens de Wolff.

Aujourd'hui, nous savons que ce qui passe d'une génération à l'autre est, essentiellement, la structure génétique. Je précise « essentiellement » pour souligner que l'œuf est une cellule avec son cytoplasme et son nucléoplasme riches en composants non directement portés par cette structure génétique, mais susceptibles, dans des proportions variables selon l'espèce, d'en modifier et d'en orienter la lecture. On nomme ce phénomène hérédité maternelle. Il reste que l'information génétique est bien comprise dans le génome qui, au travers des cellules des lignées germinales (ovule et spermatozoïde), est hérité à travers les générations, modifié seulement par le biais des mutations affectant une lignée germinale. Ces variations, à l'origine des modifications des individus, peuvent être neutres vis-à-vis de la sélection naturelle, conférer un avantage, ou au contraire être contre-sélectionnées.

Il résulte de ces considérations de bon sens que, même si l'invention du microscope a définitivement rendu obsolète l'idée naïve de l'existence d'un homunculus préformé dans l'ovule ou le spermatozoïde, le fait que la forme soit contenue d'une façon ou d'une autre dans les gènes oblige à reconsidérer les conceptions préformationnistes de façon moins tranchée pour proposer que la forme existe en projet, « en puissance » pour reprendre l'expression aristotélicienne, mais que son développement, son « actualisation », est le résultat d'un processus impliquant les événements cellulaires dont j'ai déjà parlé : prolifération, mort, migration, différenciation, etc.

Dans la mesure où le matériel de base de ces constructions que sont les organismes est la cellule, on voit immédiatement l'extrême difficulté du problème posé. Elle peut être déclinée de la façon suivante. Premièrement, si l'information héréditaire est à l'intérieur des cellules, dans leur noyau, comment peut-elle régler les interactions cellulaires permettant de donner naissance à ces formes prédictibles ? Pour illustrer cette question, pourquoi les cellules du pouce, qui sont les mêmes que celles de l'index : os, fibroblaste, muscle, etc., s'organisent-elles pour former un pouce à la place du pouce et un index à la place de l'index ? On constate immédiatement qu'il ne s'agit pas d'un simple problème de différenciation cellulaire, comme de faire un neurone ou une cellule musculaire, mais d'un problème d'agencement des cellules entre elles pour construire telle ou telle forme, elle-même génétiquement déterminée puisque héréditaire. Le codage génétique est donc doublement impliqué, une fois au niveau de la différenciation des cellules et une fois dans leur organisation, comme s'il y avait un code des interactions cellulaires par lequel les mêmes cellules « savaient » à la construction de quel organe ou de quelle partie d'organe elles doivent, à tel endroit, s'atteler [14].

Deuxièmement, le processus prend du temps. La dimension de cette affaire n'est donc pas simplement spatiale (ici le pouce et là l'index). La question du rapport entre le temps et l'espace représente ainsi une autre donnée du problème. Il semble que ce rapport puisse varier selon les espèces et que jouer sur le temps du développement soit une des stratégies les plus efficaces pour créer des formes nouvelles et, par conséquent, générer des variants morphologiques, parfois même des monstres, qui survivront ou non à l'épreuve de la sélection naturelle.

Troisième problème, celui de l'unité morphologique de l'organisme. En effet, s'il est clair qu'il existe une

---

14. On voit que le problème est ici posé en termes de biologie cellulaire. En effet, si nous pensons nécessaire de réintroduire la physiologie dans la génétique, la cellule, parce qu'elle est le lieu d'expression des gènes, devient un point d'ancrage indispensable. C'est une tradition malheureuse que de sauter directement du gène à l'organisme ou au comportement. Cette tradition qui puise ses sources dans un utilitarisme, « la création de variants génétiques », voire dans une idéologie sociobiologique, peut parfois se trouver renforcée par l'idée qu'on aura compris le rôle d'un gène ou d'une structure une fois analysées les conséquences de leur perte. Nous verrons à plusieurs occasions que tel n'est pas toujours le cas, loin de là.

sorte d'emboîtement des différents niveaux d'organisation, gènes-cellules-organes-organisme, il reste que ces organismes, les individus vivants, sont autre chose que des agrégats de cellules. Ils constituent une unité physiologique qui se déplace, se nourrit, dort, pense, se reproduit de façon coordonnée, ce qui oblige à penser la relation du tout à l'ensemble des parties. Les systèmes nerveux et hormonaux jouent là un rôle essentiel de régulation avec, en position centrale, le cerveau, à la fois organe nerveux et glande endocrine.

Enfin, les organismes ne se développent pas indépendamment du milieu qui les entoure. On pourrait en effet imaginer – certains le pensent ou feignent de le penser – que le développement est le simple reflet du déroulement d'un programme interne purement génétique, inné et imperméable, presque, aux influences extérieures. Jean-Didier Vincent, dans *La Chair et le Diable* [15], relate, à la suite de Chomsky, comment Frédéric II, afin de déterminer quelle était la langue naturelle – le grec ? l'hébreu ? le latin ? –, avait conçu de faire élever des enfants à l'écart de toute parole, d'où il advint que ceux-ci restèrent muets. Cette expérience et quelques autres, moins radicales, démontrent que l'histoire a son mot à dire dans le développement. Il s'ensuit qu'il est important de comprendre à travers quels mécanismes cette influence du milieu peut s'exercer, surtout quand il s'agit du système nerveux central.

Nous verrons, au cours des prochains chapitres, que ces différentes questions ont, c'est évident, partie liée et qu'elles sont posées pour l'ensemble des êtres vivants malgré l'existence de variations dans leurs importances relatives en fonction de l'espèce considérée. Il est notable, en particulier, que la rapidité de développement et le taux de reproduction (combien de

15. Paris, Odile Jacob, 1996.

descendants/survivants à chaque génération ?) jouent un rôle essentiel dans les stratégies d'adaptation. Si nous prenons un organisme simple à développement rapide et au nombre de descendants élevé, l'adaptation au milieu, donc à des changements d'environnement, se fera principalement par la sélection, parmi la descendance, des variants génétiques les mieux adaptés aux nouvelles conditions, l'apprentissage individuel n'ayant là que peu d'influence. Par contre, les espèces à développement lent et produisant peu de descendants, dépendent pour leur survie de la capacité des individus à s'adapter, au cours de leur existence, aux conditions changeantes du milieu, à apprendre. Le processus d'individuation, par lequel l'organisme est modifié par son expérience, son histoire, demande des processus développementaux particuliers. C'est sans nul doute chez *Homo sapiens* que, par l'invention du langage, il a été poussé à son point le plus extrême.

Voici donc qu'au terme de ces deux chapitres introductifs le lecteur doit saisir les points principaux sur lesquels je voudrais maintenant indiquer quelques pistes de recherche et expliquer les données fragmentaires qui sont entre nos mains. Nous allons donc entrer dans le vif du sujet et tâcher de peindre, à la lumière de ce que nous croyons connaître ou comprendre, et à l'abri des ombres propices à masquer nos doutes et à déguiser nos ignorances, cela même qui nous semble, non sans un certain parti pris, important de savoir quant aux dernières avancées de la biologie du développement.

Chapitre III

La mouche, la souris et le petit d'homme

Il est vain de mépriser les petites bêtes même, et je devrais dire surtout, quand on prétend faire de la recherche médicale. La drosophile ou mouche à vinaigre, mouche du fruit *(fruit fly)* pour les Anglo-Saxons, a toujours été aimée des généticiens et, à un certain point, vilipendée par ceux qui font profession d'être guidés dans leur recherche par l'amour de l'humanité, entendez le désir affiché de guérir ou de nourrir. Les généticiens soviétiques, dont un certain Vavilov, en firent dans l'immédiat après-guerre la douloureuse expérience [1].

Le phénomène d'homéosis a été décrit pour la première fois par Bateson en 1894 [2]. Il consiste en une

---

1. N. Vavilov, généticien soviétique qui s'était opposé à Mitchourine et Lyssenko dans leur tentative, hélas temporairement réussie, d'éradiquer la génétique bourgeoise, est mort en déportation. D. Lecourt, dans *Lyssenko : histoire réelle d'une « science prolétarienne »* (Maspero 1977, rééd. PUF, 1995), a très bien montré comment sur fond d'urgence économique et avec l'appui d'une technocratie ignorant tout de la génétique, on avait pu détruire une génétique accusée de ne pas œuvrer assez ou assez vite pour le bien du peuple.
2. W. Bateson (1861-1926), généticien anglais, a introduit l'œuvre de Mendel en Angleterre. C'est lui qui a utilisé le premier, en 1905, le terme de génétique pour définir le rapport entre hérédité et variation.

modification d'un organe qui adopte partiellement ou totalement la morphologie d'un organe homologue. Chez la drosophile, par exemple, une mutation homéotique peut conduire à la transformation d'une antenne en patte (antennapedia ou aristapedia), d'un œil en aile (ophtalmoptera), mais jamais d'une antenne en aile, les deux organes n'étant pas homologues.

Le terme même d'homologie demande une explication. Il fut défini par Owen [3] en 1843. Selon lui, deux organes homologues sont, chez deux animaux différents, le même organe sur le plan de l'évolution, quelles que soient les variétés de forme et de fonction que celui-ci ait pu prendre. Par exemple, la nageoire pectorale du poisson est bien homologue de la main humaine, l'autopode – terme désignant cette région distale du membre antérieur – étant retrouvé dans le schéma corporel de tous les tétrapodes. Cette notion s'oppose à celle d'analogie qui dénote une simple similitude de fonction entre organes non homologues. Un exemple célèbre d'analogie était l'œil des mouches, des seiches et des vertébrés, trois organes ayant des fonctions similaires, mais pour lesquels on ne soupçonnait aucune homologie jusqu'à ce que les études récentes de biologie moléculaire viennent suggérer que cette conclusion avait peut-être été un peu hâtive [4].

Comme on le voit, le concept même d'homologie réfère à une histoire évolutive et quand on dit que l'antenne est homologue de la patte ou l'œil de l'aile

3. R. Owen (1804-1892), paléontologiste anglais.

4. On se souvient sans doute de la discussion de Bergson, dans *L'Évolution créatrice,* sur l'œil du vertébré et l'œil du mollusque, et sur l'idée que cette analogie est le résultat d'une adaptation fonctionnelle convergente. Il se trouve que l'analyse moléculaire démontre l'importance d'un même gène *(PAX-6)* dans la formation de l'œil des insectes, des mollusques et des vertébrés. Cette observation pourrait amener à dire que tous les organes dérivés d'une cellule capable de capturer la lumière (photorécepteur) sont homologues et non analogues.

chez la mouche, on fait ainsi référence implicite à l'évolution des invertébrés, à l'acquisition de leur métamérie marquée par l'existence de segments spécialisés. Avant de revenir sur ce point, il est nécessaire de décrire brièvement les différentes étapes du développement de la drosophile *(figure 1)*. Après fécondation, il est notable chez cet organisme que l'œuf est le siège d'une rapide division des noyaux qui viennent tous se positionner sous la membrane, juxtaposés, mais baignant dans le cytoplasme initial sans séparations. On appelle cette structure un syncitium parce que toutes les cellules y semblent fusionnées en une seule grande cellule contenant tous les noyaux [5]. Ce n'est qu'à ce stade que les cellules se forment par construction des membranes et que nous retournons au cas classique d'embryon pluricellulaire. Il est important de saisir que le cytoplasme maternel, celui au sein duquel baignent les noyaux, n'est pas uniforme. L'œuf est lui-même le résultat d'une différenciation et les noyaux qui se trouvent à l'avant ou à l'arrière, en haut ou en bas, ne baignent pas dans le même jus moléculaire ; c'est une part de ce que nous avons défini plus haut sous le terme d'hérédité maternelle [6]. Ces hétérogénéités antéro-postérieure et dorsoventrale constituent un système de coordonnées fournissant aux différents noyaux et, après cellularisation, aux différentes cellules, une information de position. Ainsi, chaque noyau/cellule connaît très exactement sa position dans ce qui est devenu un embryon [7].

---

5. Le terme est cependant ici impropre, car les cellules ne sont pas fusionnées comme dans le cas d'un muscle. Elles vont au contraire, comme on le verra, se séparer.

6. L'importance de l'hétérogénéité moléculaire de l'œuf non fécondé varie avec les espèces. Elle semble assez faible pour les mammifères.

7. Le cas le plus popularisé, grâce aux travaux de C. Nüsslein-Volhard, est celui du gène *BICOÏD* qui sera développé dans le chapitre suivant.

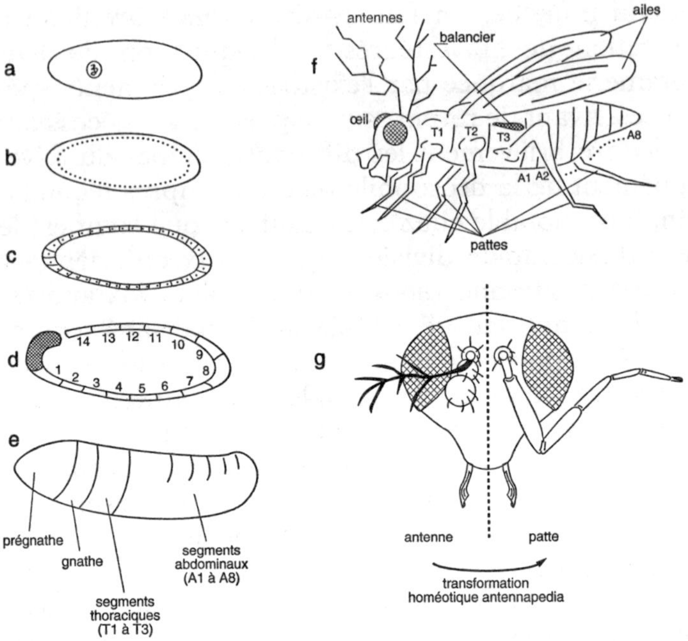

FIGURE 1 – *Après fécondation* **(a)**, *les noyaux se divisent et migrent à la surface de l'œuf* **(b)**. *La formation des cellules est plus tardive* **(c)**. *Au stade de la bande germinale* **(d)** *et de la larve* **(e)**, *tous les futurs segments de la drosophile sont présents. Il s'agit là du cas des insectes à longue bande germinale. Chez les insectes à courte bande germinale, les segments abdominaux sont remplacés par une zone de croissance (bourgeon) d'où les segments de A1 à A8 sont générés un par un. Le schéma corporel de l'imago* **(f)** *montre que les segments thoraciques* T1, T2 *et* T3 *portent chacun une paire de pattes,* T2 *une paire d'ailes et* T3 *une paire de balanciers. La mutation Antennapedia (antenne changée en patte) est illustrée en* **g**.
(D'après S. Gilbert, Developmental Biology, *Sinauer Associates Inc. Publishers, Sunderland, Massachusetts, 1994.)*

Cet embryon ou larve se développe dans la viande ou dans d'autres sources de nourriture ; plus bucolique, sa cousine la chenille du papillon se déplace librement dans la nature ; le petit d'homme, lui, se développe dans le ventre de sa mère. Dans tous les cas, c'est la même stratégie : des annexes embryonnaires, par exemple le placenta, dérivées de l'œuf fécondé et non du tissu maternel, nourrissent les cellules qui donneront naissance à l'embryon proprement dit. Chez la drosophile, les futurs organes ainsi nourris se présentent très tôt sous la forme de petits amas de cellules nommés disques imaginaux parce que leur développement final, à la métamorphose, donnera naissance à l'imago, image de l'espèce : la mouche ou le papillon.

Ces différents disques, qui apparaissent comme des embryons d'organe, sont disposés de l'avant vers l'arrière du haut vers le bas, dans la position qui correspond à l'emplacement des futurs organes. Chez la drosophile, on trouvera dans les segments antérieurs les disques formateurs des antennes, des yeux, des mandibules, puis, plus postérieurement, sur les segments thoraciques, ceux qui donneront naissance aux pattes, aux ailes et aux balanciers (qui servent à l'équilibre du vol), enfin, sur les segments abdominaux, ceux qui, au niveau le plus postérieur, se différencieront en appendices sexuels.

Il s'agit donc d'une structure métamérique dont chaque segment de base porte des appendices spécialisés qui, de segment en segment, peuvent être dits homologues. Dans les régions ventrales des segments, l'antenne, la mandibule et la patte sont homologues ; dans les régions dorsales, ce sont les yeux, les ailes et les balanciers (aussi appelés haltères du fait de leur forme). Avant d'entrer dans la discussion sur la façon dont ces disques imaginaux, en fonction de leur position, donnent naissance à tel ou tel organe, il convient de revenir au concept d'homologie. Car c'est une chose de dire que la nageoire pectorale du poisson est homologue de la main humaine, c'en est une autre à l'intérieur d'un même animal de dire que l'antenne, par exemple, est homologue de la patte. Dire cela, c'est en effet supposer un schéma évolutif, proposer un scénario, c'est-à-dire une hypothèse, qui donne un relief intéressant à la notion d'homologie et qui, on le verra dans un instant, n'est pas démentie par l'organisation au niveau chromosomique des gènes impliqués dans le développement morphologique.

C'est pourquoi, avant de formuler ce scénario purement imaginaire [8], il me faut te plonger un instant, cher lecteur, dans les délices du gène. En effet, la drosophile offre un matériel incomparable pour comprendre comment la forme peut être stockée dans l'œuf, ou plutôt dans ses chromosomes, cette partie de l'œuf qui voyage à travers les générations. À partir de mutations conduisant aux transformations que j'ai dites, l'œil en aile, la mandibule ou l'antenne en patte, le balancier en aile, il était soudain possible de créer une génétique du développement et de comprendre comment l'image des organes, leur plan et aussi leur place dans le schéma général de l'organisme sont inscrits dans l'acide désoxyribonucléique, l'ADN des chromosomes [9], en quelque sorte lier le gène à la forme.

On a assez narré les merveilles de la biologie moléculaire : aussitôt dit, aussitôt fait, et voici les gènes responsables de la forme de certains organes clonés, séquencés, localisés sur les chromosomes. Il sont également baptisés du doux nom d'homéogènes ou gènes homéotiques, puisque responsables de ces mutations homéotiques qui ont conduit à leur découverte. Leurs produits sont appelés homéoprotéines que l'on caractérise vite comme des facteurs de transcription, c'est-à-dire des protéines qui, dans le noyau, gouvernent l'expression d'autre gènes, la synthèse des ARN messagers qui passent dans le cytoplasme pour y être traduits en protéines *(figure 2)*.

---

8. J'insiste à l'adresse de tous les prêtres, rabbins, mollahs et autres vestales gardiennes de la pureté positive dont je crains terriblement les foudres.

9. L'ADN est un polymère entrant dans la constitution des chromosomes et porteur d'une forme chimiquement codée de l'information génétique.

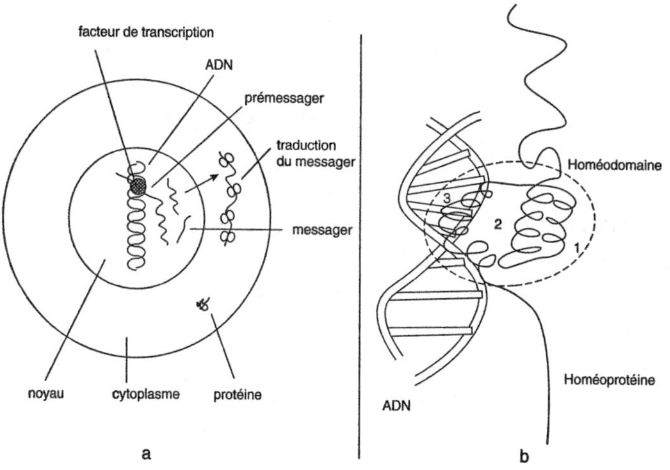

FIGURE 2 (a) – *Étapes conduisant de l'*ADN *à la protéine. La lecture du gène par un facteur de transcription conduit à la synthèse d'un prémessager qui sera maturé en messagers (*ARNm*). Les messagers sont exportés hors du noyau vers le cytoplasme où ils sont traduits en protéines.*
(b) – *Schéma de l'interaction entre un facteur de transcription de la classe des homéoprotéines et la double hélice d'*ADN*. C'est l'homéodomaine et en particulier son hélice 3 qui interagit avec le grand sillon du double brin. Le reste de la protéine interagit avec d'autres régions de l'*ADN *ainsi qu'avec d'autres protéines nucléaires.*

Les facteurs de transcription, pour accomplir leur travail, doivent se fixer sur les chromosomes au niveau de régions régulatrices : ils régulent en effet la transcription d'autres gènes. Cette fixation implique un domaine spécialisé du facteur de transcription. Dans le cas des homéoprotéines, on l'appelle homéodomaine. La séquence de l'homéodomaine est dictée/codée par une séquence correspondante dans le gène homéotique, et appelée homéoboîte [10]. Qu'on veuille excuser tout ce jargon, mais il est ici indispensable pour comprendre la suite de l'affaire qui est impor-

10. Cette séquence a été découverte par W. Gehring. On verra que la conservation de cette séquence confère un caractère fondamental à la découverte de ce chercheur suisse.

tante et, on le verra dans un instant, nous concerne tous, nous et nos organes, même les plus chéris.

En effet, une fois déterminée la structure, ou plutôt la séquence [11], de quelques-uns de ces homéogènes dont les mutations donnent naissance à ces monstres morphologiques, on réalisa vite qu'ils se ressemblaient entre eux et surtout que leurs homéoboîtes, donc leurs homéodomaines, étaient incroyablement proches, presque identiques. Quand un biologiste moléculaire rencontre un tel phénomène, il en conclut qu'il a affaire à une famille et il se sert de la région conservée pour aller pêcher, par des techniques qui ne nous intéressent pas ici, tous les autres membres de la famille. C'est ainsi que furent découverts les quelque dix premiers gènes homéotiques de la drosophile (il y en a d'autres, mais je les garde en réserve pour la partie de ce livre qui sera consacrée au cerveau) qui sont responsables du schéma corporel global, ici les pattes et là les ailes, ici les antennes et là les mandibules, puisque, on l'aura compris, cet animal se monte à la façon d'une automobile, ici les phares et là les roues.

Pour en rester à la drosophile, avant d'en venir aux vertébrés, dont les mammifères, il me reste à développer un point fondamental qui est que les différents gènes responsables du développement morphologique des segments de l'animal sont disposés sur un seul chromosome (en vérité coupé en deux [12]) et que leur

---

11. La séquence correspond à l'enchaînement des acides aminés (pour une protéine) ou des nucléotides (pour les acides nucléiques, ADN ou ARN). La structure correspond aux différentes conformations que ces séquences (parfois dites structures primaires) peuvent prendre dans l'espace. Le nombre de ces conformations est en général restreint par des considérations de stabilité thermodynamique.

12. La drosophile est un organisme un peu particulier, comme on le verra plus loin. Son mode de développement permet sans doute que les gènes du complexe HOM (HOM-C) soient portés par deux chromosomes ou plutôt par un chromosome ayant subi une

ordre sur ce chromosome est identique à l'ordre de leur expression le long de l'axe antéro-postérieur, par conséquent à l'ordre des organes dont ils contrôlent le développement.

Après cette marche un peu rude, respire, lecteur, et considère un instant la beauté du paysage. Ce qui apparaît sous tes yeux émerveillés, couché sur le chromosome de la drosophile, est, sous la forme de l'enchaînement ordonné des gènes, une représentation du corps, un véritable homunculus, peut-être devrait-on dire ici un drosophiloculus. La *figure 3* l'illustre bien, la forme est directement représentée non seulement au niveau des gènes, ceux qui contrôlent le développement de tel ou tel organe, mais aussi dans la disposition de ces gènes le long des chromosomes. On comprend mieux alors comment le dessin général de l'organisme, son plan ou encore, au sens des couturiers, son patron, peut se transmettre par l'hérédité, puisque, effectivement présent « en puissance » sur le chromosome, il s'actualise à chaque génération dans la formation de l'imago.

Bien que les modalités de développement chez les vertébrés et les invertébrés soient très différentes, la question de la génétique de la forme, de son hérédité, se pose, c'est l'évidence, dans les deux embranchements. Les généticiens se sont donc saisis de l'homéoboîte de drosophile pour aller pêcher des séquences similaires chez la souris, puis chez l'homme, à vrai dire chez tous les vertébrés, et les y ont trouvées. Mieux, les similitudes entre les gènes s'étendaient de part et d'autre de l'homéoboîte, suggérant ainsi une ressemblance frappante entre gènes de vertébrés et

---

coupure entre le complexe le plus antérieur, dit ANT-C, et le complexe le plus postérieur, dit UBX-C. Pour la suite de cet exposé, on admettra qu'il n'y a qu'un seul complexe sur un seul chromosome, c'est-à-dire qu'on oubliera momentanément la cassure.

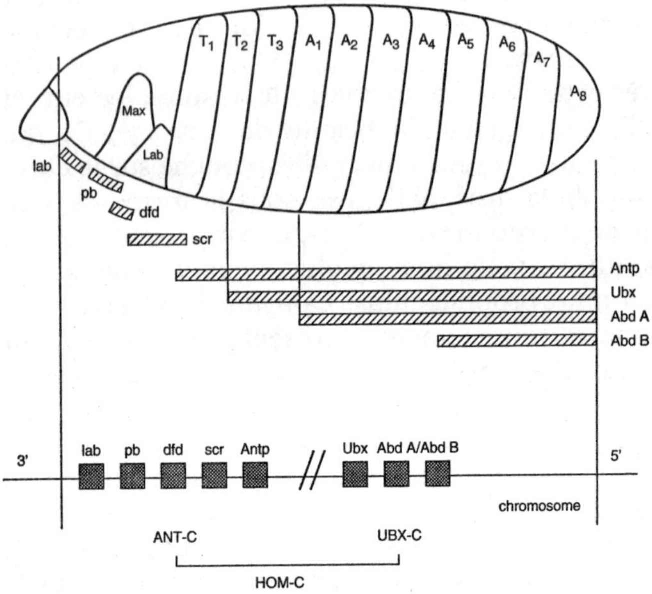

FIGURE 3 – *Colinéarité existant entre la disposition sur le chromosome et le domaine d'expression des gènes du complexe homéotique (HOM-C). On remarquera que ce chromosome est clivé en deux parties entre le complexe Antennapedia (ANT-C) et le complexe Ultrabithorax (UBX-C). Cette particularité est spécifique de certains insectes à longue bande germinale. Elle est récente dans l'évolution et n'est possible que parce que le déterminisme de la nature des segments (T1 ou A7, par exemple) se fait d'un bloc et n'implique pas ou peu le facteur temps. Ce n'est pas le cas des insectes à courte bande germinale, comme la blatte, chez qui les segments abdominaux se font un par un. Pour plus de détails, voir la figure 7 et le chapitre IV sur le temps du développement. Les abréviations sont données d'après la morphologie (phénotype) des mutants :*

Antp : Antennapedia
Ubx : Ultrabithorax
AbdA : Abdominal A
AbdB : Abdominal B
Max : Maxilla
Lab : Labia (organe)
T : Thoracique
A : Abdominal
lab : labial (gène)
pb : proboscipedia
dfd : deformed
scr : sex comb reduced
ANT-C : Complexe Antennapedia
UBX-C : Complexe Ultrabithorax
HOM-C : Complexe homéotique

(D'après S. Gilbert, Developmental Biology, *Sinauer Associates Inc. Publishers, Sunderland, Massachusetts, 1994.)*

gènes de drosophile. Le choc final vint quand on réalisa que, chez les vertébrés, ces gènes étaient présents sur quatre chromosomes et que, sur chaque chromosome, leur disposition était similaire à celle observée chez la drosophile et obéissait à la même règle de colinéarité par laquelle la disposition des gènes sur le chromosome correspond à l'ordre de leur expression le long de l'axe antéro-postérieur de l'embryon *(figure 4)*.

Une différence essentielle est, on l'aura sans doute remarqué sur la figure, que les vertébrés ont quatre complexes, dit complexes Hox (Hox-C), alors que la drosophile, comme les autres invertébrés, a un seul complexe, dit complexe HOM (HOM-C). De ce fait, les vertébrés sont riches de quatre homunculus, chacun étalé sur son propre chromosome. La présence de ces quatre complexes et les ressemblances de structure et de site d'expression corporelle pour les gènes situés, sur chacun des chromosomes, dans une position identique (on les appelle orthologues), a fait supposer que ces quatre chromosomes sont nés de deux duplications successives d'un chromosome « ancêtre ». Plus précisément, ces ressemblances, on ose dire aujourd'hui ces homologies, pointent vers l'existence d'un ancêtre commun aux vertébrés et aux invertébrés qui aurait existé il y a quelque six cents millions d'années (voir *figure 4*). Ce lien de famille entre les deux embranchements est marqué spectaculairement par des expériences de complémentation génétique dans lesquelles une déficience d'un gène homéotique chez la drosophile peut être réparée par l'introduction du gène de souris correspondant. Il en serait sans doute de même du gène humain [13].

---

13. Une autre indication qu'il en fut bien ainsi vient de l'analyse du complexe Hox chez Amphioxius, un animal qui vit enfoui dans

Il existe une autre différence entre la drosophile et les vertébrés. Elle est liée au mode de développement très particulier de la drosophile qui semble ignorer, ou presque, la notion de temps. Tous ses organes se développent en effet quasi simultanément, ce qui n'est pas le cas de tous les insectes ou invertébrés, et est certainement faux chez les vertébrés. Je reviendrai sur cette question du temps du développement dans le chapitre suivant, mais il faut d'ores et déjà indiquer que, chez certains invertébrés et chez les vertébrés, l'expression des gènes le long des chromosomes, donc le long de l'axe antéro-postérieur de l'organisme, n'est pas synchrone, mais se fait selon une séquence temporelle précise, de l'avant vers l'arrière. Les gènes les plus antérieurs, situés en 3' du chromosome, on pourrait dire à son avant, sont activés en premier et la mise en route des gènes qui suivent se fait elle aussi progressivement, à mesure qu'on se déplace vers l'extrémité 5', « l'arrière » du chromosome (voir *figure 4*).

Si je note ce point ici, c'est pour souligner que les contraintes de temps et d'espace imposées dans l'expression des gènes homéotiques introduisent dans le génome une dimension spatio-temporelle. Les quatre homunculus génétiques ne sont pas unidimensionnels, mais bien riches des quatre dimensions de l'espace et du temps. Contrairement à ce que nous pensions jusqu'à très récemment, la question du développement est bien celle d'une correspondance à établir entre les deux espaces-temps, celui du génome

---

les sables marins et qui possède une structure dite chorde (prononcer « corde ») permettant de le classer parmi les chordés (prononcer « cordé »). Les chordés se divisent en deux embranchements, celui des vertébrés (le nôtre) et celui des céphalochordés (celui d'Amphioxius). Amphioxius, cousin assez proche, n'a qu'un seul complexe Hox. Il est donc une indication vivante qu'un ancêtre des vertébrés, plus proche de nous que l'ancêtre que nous partageons avec la drosophile, aurait eu un seul complexe Hox.

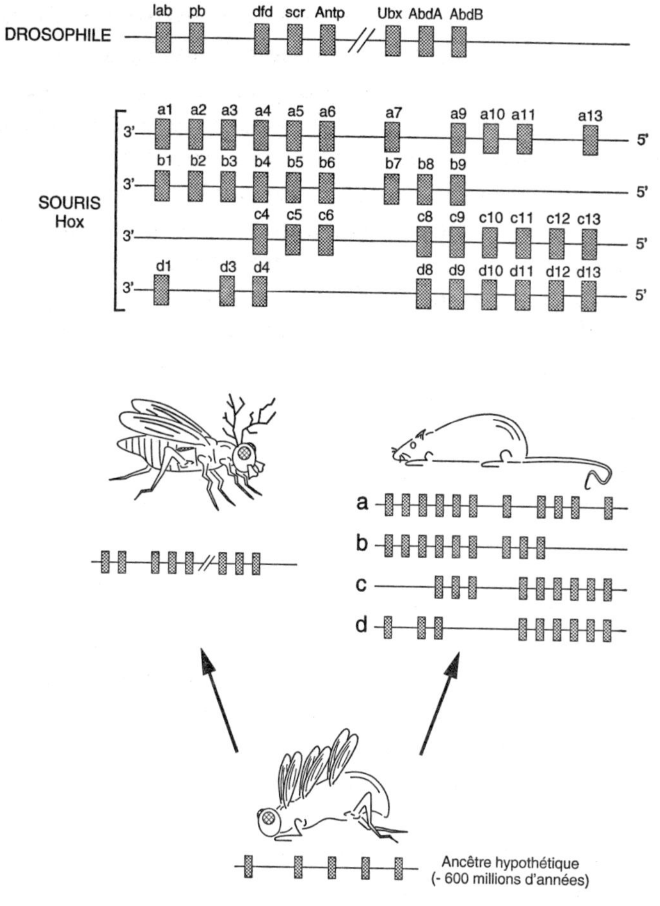

FIGURE 4 (haut) : *Alignement des gènes des complexes homéotiques de la drosophile (HOM-C) et de la souris (Hox-C). On note l'existence de quatre complexes chez la souris (chez tous les vertébrés). Tous les gènes d'une même verticale – par exemple SCR, a5, bc et c5 – sont apparentés structurellement et fonctionnellement. On dit alors qu'ils sont orthologues, parce qu'ils sont homologues dans l'évolution. Par rapport à la drosophile, on note chez la souris l'absence de certains gènes comme a10 et la présence de nouveaux gènes comme a3 ou c1. Ces apparitions sont la conséquence des duplications géniques, les disparitions étant dues à des pertes de gènes. On peut raisonnablement penser que tous les gènes existants sont aujourd'hui clonés.*
(bas) – *Les similitudes génétiques ont fait supposer que les quatre complexes Hox résultaient de duplications d'un complexe unique et, par conséquent, que nous avions un ancêtre commun avec les arthropodes (les insectes comme les crustacés ou les myriapodes sont dans l'embranchement des arthropodes). C'est cette hypothèse qui est représentée ici.*
(D'après C. Kenyon, « If bird can fly, why can't we ? Homeotic genes ans evolution », Cell*, vol. 78, 1994, p. 175-180.)*

et celui du corps. Cette vision nouvelle s'oppose à une autre conception qui a dominé longtemps la génétique du développement [14] et qui voit celle-ci comme le passage d'un espace à une dimension (la séquence linéaire des bases, le texte) à un espace à quatre dimensions, celui du corps vivant. Non que le génome dans sa structure physique ne soit pas une séquence linéaire de bases, mais parce que ce qui compte en cette affaire n'est nullement la seule structure physique de l'ADN, mais la correspondance entre les représentations. Le corps n'est qu'une des multiples représentations d'un organisme vivant. Nous avons vu que quatre autres représentations existent dans le génome des vertébrés ; nous verrons, lorsque nous aborderons la question du cerveau, que nous sommes, quant au nombre des représentations, encore bien loin du compte.

J'aimerais, pour clore ce chapitre, revenir au scénario totalement imaginaire de l'évolution d'un organisme segmenté chez les invertébrés. Supposons donc à l'origine un organisme simple, disons doté d'un seul segment qui, pour cette raison, d'être seul, ne se savait pas segment, et porteur, par exemple, d'une paire de mandibules pour manger et d'une paire d'ailes pour se déplacer, deux fonctions essentielles pour une survie minimum (oublions s'il vous plaît, une fois n'est pas coutume, et pour un instant, le sexe). Comme on l'aura appris, les programmes morphogénétiques nécessaires au développement de ce segment et des organes qui lui sont associés, sont disposés sous forme de séquences de gènes de développement sur un chromosome. Supposons alors une duplication du chromosome ou plutôt

14. Dans un article publié en 1985 par le prestigieux journal scientifique *Cell*, Gunther Stent développe ce point de vue unidimensionnel qui sera repris plusieurs fois et qui est parfaitement illustré par le titre même de son article : « Thinking in one dimension : the impact of molecular biology on development. »

du fragment porteur de ces gènes, accident assez fréquent au cours de la division cellulaire et qui, s'il se produit dans la lignée germinale, devient héréditaire. Notre organisme simple se complique, doté qu'il est maintenant de deux segments et porteur, de ce fait, de deux paires de mandibules et de deux paires d'ailes. C'est une règle que la redondance permet la variation, c'est-à-dire qu'une mutation qui aurait été mortelle (perte des mandibules) devient acceptable dès lors qu'on a des mandibules de rechange. Cette mutation peut amener la transformation des mandibules supplémentaires en pattes, somme toute assez pratiques pour se déplacer, et de la paire d'ailes en yeux, ce qui est sympathique pour y mieux voir. Que les duplications se répètent et on aura assez rapidement un organisme à plusieurs segments, plusieurs paires de pattes et d'ailes qui permettront l'apparition des antennes et des balanciers, conférant d'autres avantages sélectifs aux monstres, car il s'agit bien au départ de monstres. C'est ainsi que le scénario imaginaire peut conduire à la formation d'un être segmenté au niveau chromosomique et au niveau corporel, l'homunculus et sa représentation corporelle étant, de par la logique même de ce scénario, en correspondance.

Répétons-le au risque de lasser, ce scénario est de pure imagination. Notons cependant à quel point le schéma qui lie l'évolution à des modifications de structure des gènes de développement (Haeckel n'est pas loin) est conforme à l'existence d'insectes à deux ailes et sans balanciers (la libellule) ou d'insectes totalement dépourvus d'ailes (la fourmi). La *figure 5* utilise ces formes animales pour insister sur le lien qui peut exister entre mutation des gènes de développement et processus évolutif. Elle suggère que le principe d'évolution illustré par notre scénario est conforté par les mutations homéotiques qui peuvent faire réapparaître des traits que nous considérerons comme ataviques,

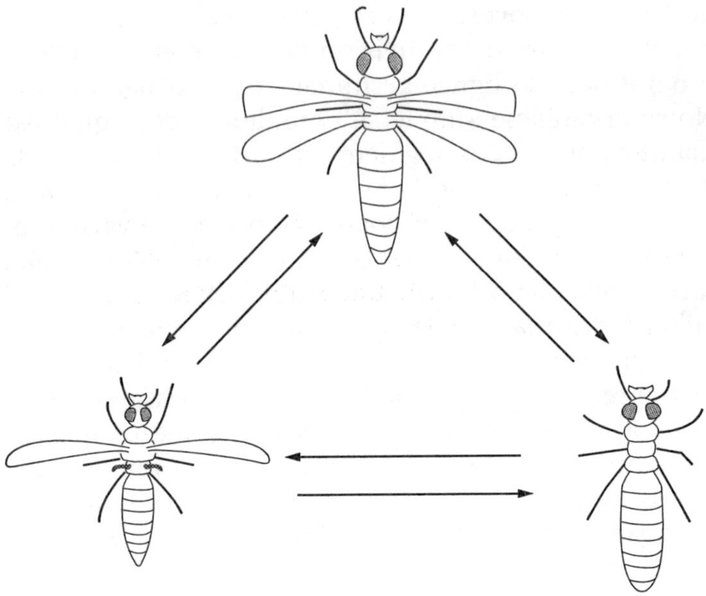

FIGURE 5 – *Représentation plaisante de trois formes animales que l'on peut obtenir (à un poil près, par exemple en ajoutant deux balanciers à l'animal situé en bas à droite) à partir de la drosophile et qui sont réminiscentes de formes existant dans la nature (libellule, mouche, fourmi). Cette représentation est une spéculation sur la communauté des mécanismes de développement et d'évolution.*

c'est-à-dire disparus mais ayant marqué une étape passée de l'évolution. Enfin, remarquons qu'un événement important vient de se produire : par la génétique du développement qui permet de comprendre comment des formes nouvelles peuvent être produites, l'évolutionnisme est en passe de devenir une science expérimentale.

Chapitre IV

LE TEMPS DU DÉVELOPPEMENT

Chez la drosophile, on vient de le voir, la spécification et le développement de tous les organes se font de façon quasi simultanée, les différents segments donnant naissance, d'un bloc, à des structures variées : ailes, antennes, pattes, etc., dont la morphologie est le résultat de l'expression, dans chaque segment concerné, d'une combinatoire précise de gènes de développement, dont ceux du complexe HOM. On ignore encore comment cette action homéotique s'accomplit précisément au niveau cellulaire et moléculaire, notamment parce que les gènes cibles de ces facteurs de transcription, c'est-à-dire les gènes dont ils activent ou inhibent la synthèse, sont encore très majoritairement inconnus. Il y a loin, en effet, du gène à l'organisme [1].

Cette simultanéité, de l'avant à l'arrière, du développement de la drosophile en fait un insecte un peu particulier qui semble ignorer le temps du développement ou plutôt le comprimer suffisamment pour qu'il n'apparaisse pas comme une variable importante dans la spécification des organes. Cette compression est liée à ce mode de développement par divisions nucléaires,

1. Voir note 14 du chapitre II.

formation d'un syncitium, tous les noyaux recevant simultanément une information d'origine maternelle qui, trois heures après la fécondation, leur a d'ores et déjà dicté leurs futurs programmes de développement.

La *figure 6,* qui reprend simplement la première étape du développement de la drosophile, représente le stade syncitial. La ligne traversant l'embryon en diagonale figure la concentration décroissante d'un facteur de transcription : la protéine BICOÏD (encore une protéine à homéodomaine). Cette concentration décroissante procure à chaque futur noyau, de l'avant vers l'arrière, une information sur sa position le long de l'axe antéro-postérieur. Si ce gradient vient à manquer dans le mutant dit « bicoïd », la larve se retrouve avec deux arrières et plus d'avant, deux queues disposées de façon symétrique, d'où le terme de bicoïd (qui a deux queues).

En effet, après les divisions nucléaires et les migrations des noyaux vers la surface de ce qui déjà n'est plus un œuf, mais un embryon, chaque noyau est au contact d'une certaine concentration de ce facteur (et d'autres facteurs eux aussi disposés en gradient ou de façon hétérogène) et répond à cette information par la mise en route de programmes particuliers. C'est typiquement ce qu'on peut appeler des gradients de morphogènes donnant naissance à divers champs morphogénétiques, notions complexes et longtemps controversées avant que l'essor de la génétique du développement apporte des réponses aux différentes objections [2].

2. Je reviendrai sur ces notions à l'occasion d'exemples précis. Le concept de gradient fut introduit au début de ce siècle par Boveri (1910) et Child (1928), celui de champ fut développé principalement par Gurtwitsch (1924) et Weiss (1925). Le concept de gradient souleva deux difficultés principales : comment des différences quantitatives peuvent-elles provoquer des changements qualitatifs (objection de Bautzmann) et comment un gradient

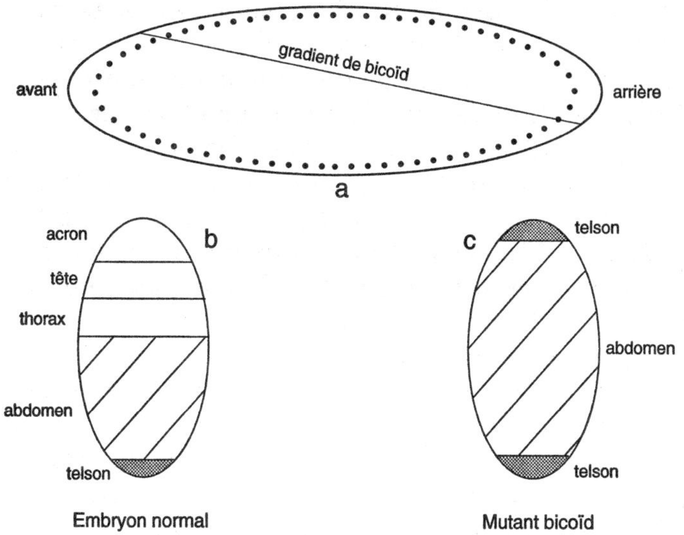

FIGURE 6 (a) – *Représentation schématique de l'embryon de drosophile au stade syncitial (absence de membranes entre les noyaux), avec la concentration décroissante d'avant en arrière du facteur de transcription* BICOÏD.
(b) – *Schéma de l'embryon normal avec, d'avant en arrière, l'acron, la tête, les segments thoraciques et abdominaux, et le telson.*
(c) – *Schéma du mutant ayant perdu l'expression de* BICOÏD *montrant la duplication en miroir des parties arrière.*
(D'après S. Gilbert, Developmental Biology, *Sinauer Associates Inc. Publishers, Sunderland, Massachusetts, 1994.)*

Même si la drosophile, pour des raisons qui tiennent à l'histoire de la génétique, a donné des clefs essentielles pour comprendre le lien qui unit l'information génétique à la réalisation morphologique d'un patron (au sens des couturiers) de développement, il reste que ce diptère demeure tout à fait à part, y compris chez les insectes. Si l'on prend, par exemple, la blatte ou le criquet, le développement syncitial, de type droso-

---

continu peut-il jouer sur un substrat cellulaire discontinu (objection de Spemann) ? Quant au concept de champ, le principal point de discussion fut celui du rapport d'extériorité entre le champ et l'organe qui subit son influence au cours de son développement.

phile, n'existe que dans les régions les plus antérieures, car à partir de l'abdomen, voire du thorax (cela varie selon les espèces), les segments sont formés par prolifération des cellules dans une zone de croissance *(figure 7)* à partir de laquelle l'arrière de l'organisme, à la façon d'une plante qui s'allonge, bourgeonne, segment par segment, chaque segment acquérant son identité au moment de sa formation [3]. Ce mode de développement dans lequel l'identité segmentaire est acquise au moment même de la formation du territoire introduit une dimension temporelle dans le processus, puisque le dernier-né des segments est spécifié après celui qui l'a précédé, et qui lui est donc antérieur, au double sens d'antériorité spatiale et d'antériorité temporelle. Par comparaison, le positionnement des différents organes chez la drosophile s'acquiert dans une simultanéité temporelle.

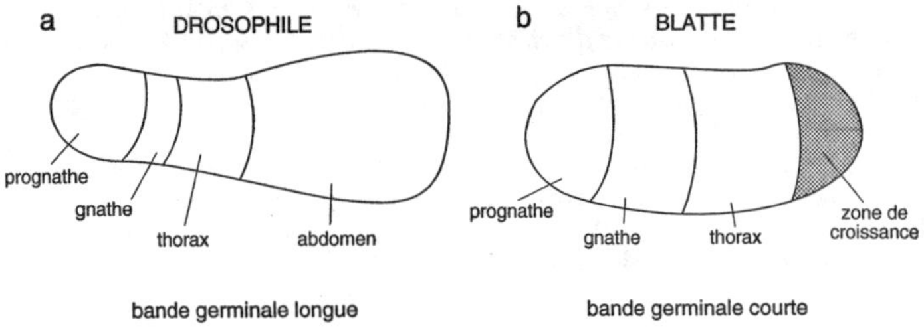

FIGURE 7 – *Comparaison des embryons de drosophile* **(a)** *et de blatte* **(b)**. *La drosophile possède une bande germinale complète avec ses huit segments abdominaux ; la blatte, elle, s'arrête aux segments thoraciques, ses segments abdominaux étant générés séquentiellement à partir d'une zone de croissance.*
(D'après D. Tautz et R. J. Sommer, « Evolution of segmentation genes in insects », Trends in Genetics, *vol. 11, 1995, p. 23-27.)*

3. On distingue ainsi les insectes à longue bande germinale comme la drosophile des insectes à courte bande germinale comme la blatte. Pour ceux que cette question un peu technique portant sur l'évolution de la segmentation chez les insectes intéresse, on peut se rapporter à l'article de D. Tautz et R. J. Sommer (« Evolution of segmentation genes in insects », *Trends in Genetics*, vol. 11, 1995, p. 23-27).

Pour mieux saisir l'importance de ce mode de croissance par bourgeonnement, qui est aussi celui des vertébrés, il est nécessaire maintenant de préciser deux notions. La première, brièvement introduite dans le chapitre III, est la correspondance entre la position d'un gène sur le chromosome et le site de son expression dans l'organisme. Pour être précis, un gène *HOX*, chez la souris, est le plus souvent exprimé en gradient décroissant de l'avant vers l'arrière et ce à partir d'une frontière nette *(figure 8)*. Plus le gène est en 3' du chromosome, plus cette frontière antérieure est en position rostrale, c'est-à-dire à l'avant de l'animal. Cette

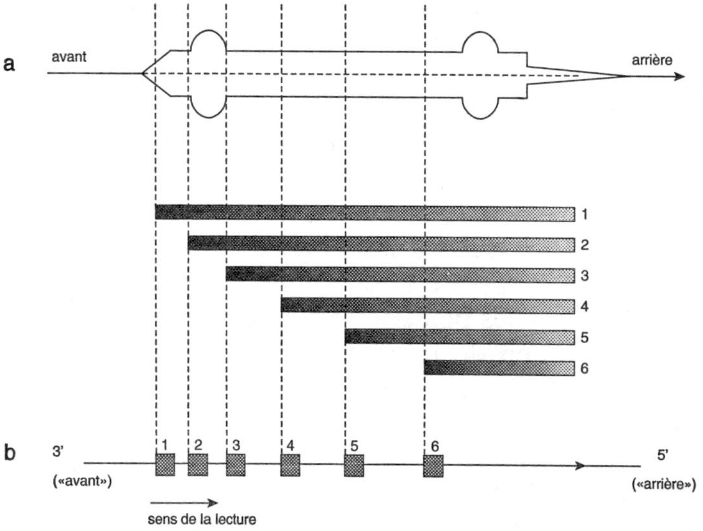

FIGURE 8 (a) – *L'animal hypothétique est représenté embroché sur une flèche qui est à la fois symbolique du temps et des complexes Hox.*
(b) – *Représentation du principe d'emboîtement des gènes d'un complexe Hox. On remarquera que la frontière antérieure d'expression de chaque gène correspond à la position de celui-ci sur le chromosome. La concentration en protéine exprimée diminue à partir de cette frontière antérieure. Cependant, c'est en général le gène postérieur qui domine. Par exemple, le destin morphologique des membres antérieurs est dicté par le gène 2, la concentration faible du produit du gène 1 (plus antérieur) ayant peu d'importance. C'est la règle dite de la prévalence du postérieur.*

décroissance graduelle depuis le point de plus forte expression fait que les zones d'expression des gènes du complexe sont pour ainsi dire emboîtées les unes dans les autres à la façon de poupées russes. Cependant, si l'on supprime maintenant un de ces gènes par une opération dite de knock-out (KO chez les boxeurs) dont les embryologistes sont de plus en plus friands, ou si, au contraire, on surexprime un gène hors de son domaine normal d'expression, on s'aperçoit qu'il existe ce que Denis Duboule [4] et ses collègues ont appelé, avec ou sans humour, la prévalence du postérieur. Cette règle stipule que la délétion d'un gène dans une zone postérieure à sa zone maximale d'expression n'aura que peu ou pas d'effets sur le plan morphologique, et donc que c'est le gène le plus exprimé qui prévaut.

La deuxième notion qu'il faut ici introduire est celle d'appendices. En effet, les vertébrés sont des tétrapodes, même si, comme chez les serpents, les membres peuvent être plus ou moins vestigiaux. La *figure 9* illustre que les membres sont des bourgeonnements du corps. Ce bourgeonnement est identique à celui des parties postérieures du tronc des vertébrés et de l'abdomen de nombre d'insectes, n'y revenons pas. Il se produit donc par prolifération cellulaire qui, à partir d'une zone de croissance, augmente la taille du membre comme elle augmente la taille des régions terminales de l'organisme. De fait, les organes des axes secondaires sont segmentés, et le membre avant décline cette segmentation du nom de ses os, humérus, radius et ulna (notre cubitus), carpe, métacarpe, comme notre tronc la décline du nom de ses vertèbres, des cervicales aux sacrées. Il en est de même des autres membres, y compris du pénis qui, chez de nom-

4. Biologiste suisse contemporain dont il sera encore question dans la suite de ce chapitre largement inspiré de son œuvre.

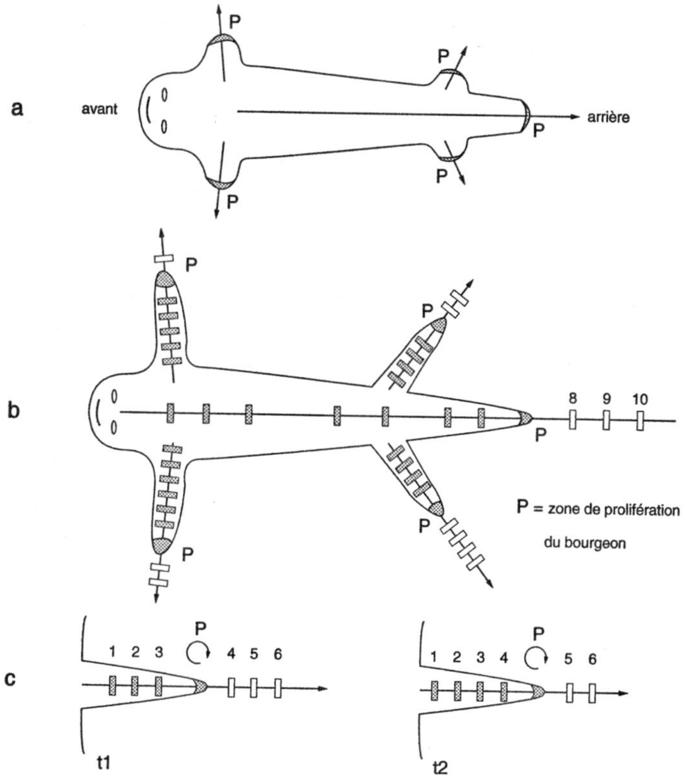

FIGURE 9 (a et b) – *Sur ce schéma, le même vertébré est couché sur le ventre. Son tronc comme ses membres s'agrandissent à partir d'une zone de prolifération (P) à l'intérieur de laquelle les cellules se divisent. À mesure que le tronc ou les membres s'allongent (par prolifération des cellules de la zone proliférative), de nouveaux gènes des complexes Hox sont activés.*

(c) – *Le schéma montre deux stades t1 et t2 de croissance du même membre. Entre les deux stades, les cellules sorties de la zone de croissance se sont mises à exprimer le gène 4. Elles se distinguent des précédentes qui n'expriment que 1, 2 et 3. Elles bénéficient donc d'une nouvelle information de position (1, 2, 3, 4 avec 4 postérieur et dominant) liée au temps passé dans la zone de prolifération. Cette information (1, 2, 3) ou (1, 2, 3, 4) déterminera la partie de l'organe (par exemple humérus ou radius) à construire.*

breux vertébrés, est ossifié. L'os pénien n'est pas seulement une boutade. Pour en finir avec ces prémices, nécessaires cependant, on le verra, disons que les gènes *HOX* qui s'expriment d'avant en arrière le long de l'axe principal sont exprimés également le long des axes secondaires dans une succession proximo-distale, c'est-à-dire du tronc vers les extrémités.

Je voudrais à présent mettre en lumière le rapport entre ce phénomène de bourgeonnement des membres ou de la région postérieure et l'expression des gènes de développement des complexes Hox. La progression du membre se fait par prolifération, mais cette dernière est strictement localisée en zone distale (voir *figure 9*). Une fois sorties de cette zone, les cellules entrent en quiescence. Ce qui ne signifie nullement qu'elles cessent leur différenciation. Si on y regarde d'un peu près, il semble bien que c'est dans cette zone de prolifération, dans le bourgeon, que les cellules décident de leur destin, c'est-à-dire de la région du membre à la construction de laquelle elles vont participer. Il en résulte que les cellules proximales qui se sont divisées le plus petit nombre de fois vont donner, par exemple, l'omoplate, quand les cellules distales qui se sont divisées le plus grand nombre de fois parce qu'elles sont restées plus longtemps dans la zone de prolifération vont donner, par exemple, les doigts. Comme si les cellules mesuraient, en comptant leur division [5], le temps passé dans la zone de proli-

5. Certains se moquent quand on dit que les cellules comptent. C'est qu'ils confondent compter et avoir conscience de compter. Il est cependant assez naïf de croire que toute opération, même ayant rapport à la pensée, doit être consciente pour exister, c'est-à-dire de poser qu'il n'y a de pensée que consciente. Si nous acceptons l'évidence d'un ancêtre commun avec la drosophile, nous devons du même coup accepter celle d'une évolution ou, si l'on préfère, d'une histoire naturelle de la pensée et ne pas restreindre le terme de pensée aux seules opérations logiques conscientes. Ce point sera amplement développé dans le chapitre XII de cet ouvrage.

fération et, en fonction de cette durée, entamaient l'expression d'un programme morphogénétique, décidant ainsi de contribuer à la formation de tel ou tel domaine de l'organe. Mais, en même temps, nous le savons grâce à des expériences de manipulation génétique, ce destin (faire de l'humérus ou faire du doigt, faire telle ou telle partie de l'os pénien) est dicté par l'expression d'une combinatoire de gènes de développement de la famille *HOX*. De telle sorte que je souscrirai tout à fait à l'idée avancée par Duboule et ses collaborateurs d'une contrainte entre la transcription de 3' en 5' des gènes de ce complexe et la division des cellules.

La *figure 9* illustre cette liaison contraignante entre division cellulaire et progression le long de l'axe du chromosome (les quatre axes des quatre chromosomes porteurs des quatre complexes chez les vertébrés). Les cellules se divisant toujours dans la zone distale du membre et les filles de ces cellules cessant de se diviser dès qu'elles sont sorties de cette zone de progression, il ressort de cette analyse que c'est dans cette zone temporelle précise de fin de division que le nouveau gène *HOX* du complexe est rendu accessible, qu'il est ouvert à la transcription. Aussi, au fur et à mesure que le membre s'allonge, en parallèle le nombre de gènes ouverts augmente. Le bas de la figure insiste sur ce point en présentant les chromosomes porteurs des complexes Hox comme des axes imaginaires le long desquels les membres s'allongent. Chaque traversée est comme un signal qu'à ce niveau-là les cellules laissées en arrière, comme des sentinelles, devront se différencier pour participer à la construction d'une région précise du membre déterminée par la combinatoire des gènes ouverts avec, prévalence du postérieur oblige, un rôle particulièrement important pour le dernier gène ouvert.

Cette liaison entre cycle cellulaire, expression des

gènes et différenciation rend le processus irréversible pour la raison que, pour reprendre l'expression de Duboule, les cellules ne se dé-divisent pas. Il n'y a pas de marche arrière dans la morphogénèse. Une autre conséquence de ce phénomène concerne le fait évolutif lui-même, la liaison qui est ainsi établie entre le temps du développement et celui de l'évolution. En effet, la suprématie du modèle drosophile, animal dont nous avons vu qu'il a comme oublié le temps du développement, a fait considérer les mutations homéotiques comme le résultat d'un changement d'identité lié à la mutation d'un gène du complexe, c'est-à-dire à un changement purement structural. Le modèle qui, chez les animaux dont le développement inclut une forte dimension temporelle, lie la division cellulaire à la vitesse de progression le long du complexe HOX/HOM, ouvre la possibilité d'un mécanisme évolutif fondé sur de petites variations, si l'on veut de petits décalages, dans la coordination entre la prolifération des cellules (vitesse de croissance des organes) et la progression des enzymes (polymérases) qui ouvrent (et lisent) les gènes sur le chromosome. C'est ce qu'on appelle une hétérochronie.

En effet, si la vitesse de lecture du chromosome est telle que, par exemple, la polymérase arrive au niveau du gène qui dicte la différenciation des cellules en organe B alors que les cellules, par une prolifération un peu trop lente ou trop rapide, sont au niveau de l'organe A, ou de l'organe C, on conçoit qu'on aura une mutation ayant toutes les apparences d'une mutation homéotique, mais résultant au sens strict d'une hétérochronie. Les expériences qui consistent à changer la place d'un gène du complexe dans le chromosome confortent cette possibilité [6].

---

6. Les expériences, entre autres du groupe de Denis Duboule, qui consistent à provoquer des hétérochronies soit en délétant un

Pour cette raison, la liaison entre division cellulaire et vitesse de lecture du chromosome est probablement soumise à une régulation très contraignante. Cela évite la formation de nombreux monstres, mais cela permet aussi, en contrepartie, de rendre de petits accrocs dans cette régulation responsables de variations morphologiques majeures qui peuvent se trouver à la base des processus évolutifs. Le temps est donc ici un grand inventeur de formes. On ne sait pas ce qui contrôle ce facteur temps, mais une hypothèse minimale est de supposer une implication des homéoprotéines elles-mêmes, c'est-à-dire de proposer que la dernière protéine traduite contrôle la division suivante. Si tel était le cas, et l'existence de tumeurs liées à des dérégulations de protéines à homéodomaine chez l'adulte va dans ce sens [7], on aurait un modèle liant de façon spectaculaire temps et espace non seulement au cours du développement, mais aussi au cours de l'évolution, parce qu'une modification de la structure d'une protéine serait potentiellement génératrice soit d'homéosis, soit d'hétérochronie.

La conception qui lie le temps du développement à l'évolution rappelle, bien entendu, Haeckel et sa fameuse loi phylogénétique [8], et surtout von Baer [9],

---

gène terminal d'un complexe Hox, soit en changeant la place d'un gène dans le complexe, font apparaître des mutations morphologiques et ressurgir des patrons de développements ataviques.

7. C'est le cas d'un grand nombre de tumeurs du système immunitaire.

8. Rappelons que pour Haeckel la loi phylogénétique stipule que tout organisme récapitule au cours de son développement embryonnaire les différentes étapes de l'histoire évolutive de l'espèce. À cette loi Haeckel rajoutait celle de l'addition terminale qui veut que toute invention évolutive résulte d'une addition en fin de processus développemental de l'ancêtre immédiat. On voit bien qu'au regard de nos connaissances actuelles ces deux lois ne peuvent être retenues. Si encore la première peut avoir un sens général parce qu'elle lie le processus développemental au processus évolutif, la deuxième doit être rejetée puisque nous savons que

qui avait remarqué qu'à un certain stade de leur développement et dans un phylum donné toutes les espèces produisent des embryons morphologiquement assez semblables, mais que de grandes différences sont présentes avant et apparaissent après. C'est d'ailleurs parce que de nombreux traits de l'adulte ne se retrouvent pas chez l'embryon, et réciproquement, que von Baer avait critiqué l'idée de Geoffroy Saint-Hilaire selon laquelle la création de nouvelles espèces venait d'un arrêt du développement. Ce point privilégié correspondant au stade de ressemblance maximale entre espèces d'un même phylum est appelé le point phylotypique. Il est représenté dans la *figure 10* comme le goulot d'étranglement d'un sablier. Toutes les formes, aussi diverses soient-elles avant comme après, convergent à ce niveau vers ce qu'on pourrait identifier comme un archétype du phylum. Mais ce point est justement celui où les gènes *HOX* imposent à l'animal un schéma général qui est le plan d'organisation de ce phylum. C'est donc à ce point que de petites variations au niveau soit de la structure, soit de la vitesse de lecture des complexes pourra conduire à des inventions, le plus souvent monstrueuses, mais parfois, et pour reprendre une fois encore l'expression de Richard Goldschmidt, porteuses d'espoir évolutif.

Il est intéressant dans ce contexte de remarquer que l'existence d'un point phylotypique n'est pas l'apanage des seuls vertébrés, mais que les invertébrés aussi passent au cours de leur développement par une phase, dite de la bande germinale, d'extrême ressemblance, pendant laquelle les gènes du complexe unique HOM dictent à ces organismes leurs destins morpho-

---

les inventions peuvent se faire à n'importe quel stade du développement et que celles qui sont faites au niveau du point phylotypique (voir la suite de la discussion du texte principal) sont les plus riches en espoir de modifications morphologiques.

9. K. E. von Baer (1792-1876), biologiste estonien.

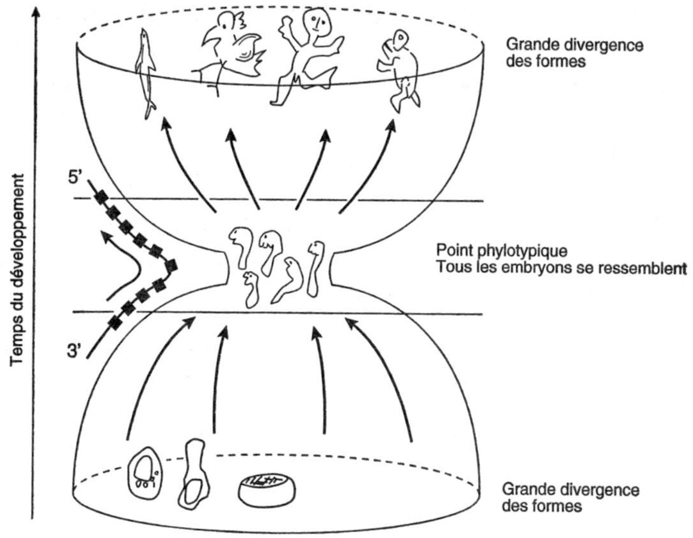

FIGURE 10 – *Ce dessin illustre, pour les vertébrés, la grande variabilité des formes animales en début et en fin de développement. Par exemple, juste après la fécondation, les embryons de mammifères placentaires, d'oiseaux ou de grenouilles sont extrêmement différents, comme sont différentes les formes matures, homme ou poule. Ces variabilités morphologiques sont symbolisées par les grandes ouvertures du sablier. En revanche, malgré ces variétés de formes initiales et finales, tous les vertébrés passent par un stade de leur développement où ils se ressemblent de façon étonnante et qui marque l'appartenance au phylum. C'est le point phylotypique au passage duquel le plan général – ici celui des vertébrés – est établi par l'expression séquentielle des gènes des complexes Hox. Cette contrainte est symbolisée par le goulot du sablier.*
(D'après D. Duboule, « Temporal colinearity and the phylotypic progression – a basis for the stability of vertebrate Bauplan and the evolution of morphologies through heterochrony », Development, *supplément de 1994, p. 135-142.)*

logiques. La considération de ces deux entonnoirs, celui des vertébrés et celui des invertébrés (étant entendu qu'ils ont un ancêtre commun), porte vers une observation qui n'est pas sans intérêt : l'extrême variabilité des stratégies développementales qui président aux premières étapes du développement conduit rapidement à un stade qui marque une parenté. À ce stade, celui du fameux point phylotypique, tous les organismes d'un même phylum se ressemblent étonnamment, ainsi que von Baer avait pu le remarquer à la fin du siècle dernier. La raison de cette ressemblance est à rechercher dans la parenté des plans d'organisation imposée par les gènes des complexes Hox/HOM. C'est bien, en effet, à ce niveau que la proximité entre l'homunculus génétique et l'homunculus réel, le corps vivant bien qu'embryonnaire, est la plus marquée. Notons encore que tous les organismes n'accèdent pas au point phylotypique au même moment de leur développement et que le sablier [10] s'écoule plus ou moins rapidement selon les espèces. Il est également clair que si l'on y regardait d'un peu plus près, à la loupe, on constaterait des différences réelles entre ces homunculus, ces miniatures animales. C'est d'ailleurs ce qu'illustre l'agrandissement, au sens quasi photographique, qui suit ce passage et qui mène à l'extrême diversité des formes animales dénombrées dans la nature.

À travers la description succincte à laquelle je me suis livré dans les pages qu'on vient de lire, on verra sans doute ressurgir cette conception romantique d'une véritable unité de la Nature. Il n'est pas étonnant, en ce sens, qu'après quelques décennies de véritable camisole idéologique, on redécouvre avec émerveillement les grandes figures scientifiques du XIXe siècle qui puisent leur inspiration dans ce romantisme, au premier rang desquelles Geoffroy Saint-Hilaire, bien sûr, mais également Darwin, Haeckel et Goethe lui-même. Il est vrai que cette redécouverte peut étonner les enfants du positif. Mais prévoyons que malgré une belle résistance, si bien illustrée par la ligne Maginot du cerveau-machine, nous saurons assez vite nous rendre à l'évidence de la beauté de

10. Ce sablier, hélas, ne se retourne pas. Il ne coule que dans un sens.

cette nouvelle synthèse qui ne se cimente pas des théories physiques, mais de cette théorie biologique enfin permise grâce à la découverte des gènes de développement.

Enfin, et pour conclure ce chapitre, nous voyons que les complexes Hox/HOM ne constituent pas seulement une représentation génomique, ou si l'on préfère génétique, du plan d'organisation des organismes, mais qu'ils ont aussi incorporé la dimension temporelle du développement. Ce sont l'espace et le temps qui sont ainsi liés dans une représentation qui passe de génération en génération pour, à chacune d'entre elles, s'actualiser dans la production d'individus.

Chapitre V

On a souvent besoin d'un plus petit que soi

Le développement embryonnaire, considéré à partir des données modernes de la génétique, met donc en évidence de façon spectaculaire la parenté entre les différents organismes invertébrés et vertébrés, traçant même un pont entre les deux embranchements dont la séparation, vieille de six cents millions d'années, n'empêche pas que certains gènes de drosophile puissent être fonctionnellement remplacés par leurs homologues murins. Cette complémentation a également été observée, quoique plus rarement, dans l'autre sens grâce aux techniques qui permettent de remplacer un gène de souris par un gène de drosophile [1].

Mais cette parenté des plans d'organisation et des mécanismes qui conduisent à la mise en place des axes antéro-postérieur et dorso-ventral [2] en cache une

1. L'inactivation d'un gène peut être compensée par l'introduction du même gène ou d'un autre gène, par exemple un gène homologue pris chez un autre organisme. C'est ce qu'on appelle la complémentation. Le remplacement de certains gènes du complexe HOM (de drosophile, donc) par des gènes homologues du complexe Hox (de la souris, donc) a été obtenu plusieurs fois, ce qui indique que l'homologie n'est pas uniquement structurale, mais aussi fonctionnelle.

2. Nous avons, parce que les gènes Hox/HOM ont été introduits en premier, longuement parlé de l'axe antéro-postérieur. Nous en

autre, non forcément liée à l'établissement du plan corporel, celle des similitudes entre les mécanismes moléculaires qui sous-tendent des processus vitaux aussi importants que l'adhésion entre cellules, la mort cellulaire, la division ou la signalisation intercellulaire. Il est évidemment hors de question de reprendre ici tous ces exemples – cela reviendrait à écrire un manuel de biologie –, mais nous allons en choisir deux. Le premier, celui de la mort cellulaire, parce qu'il permet d'introduire dans cette histoire un autre organisme, le nématode, petit ver de quelque mille cellules dont, environ, trois cents neurones. Le deuxième, celui de la signalisation entre les cellules, parce qu'il me fournit l'occasion de revenir sur la signification du concept de champ morphogénétique.

La mort cellulaire, donc, est un phénomène extrêmement répandu, nullement synonyme absolu de vieillissement, de décrépitude et de mort au sens où nous l'entendons communément. En fait, la mort cellulaire est un des outils majeurs de la morphogénèse, laquelle ne consiste pas seulement à mouler les organes à la façon d'un tourneur ou d'un manipulateur de pâte à modeler, mais sait, quand nécessaire, tailler dans le bloc à la façon d'un sculpteur pour, en retirant l'inutile, dégager la beauté des formes.

Tous les organes sont, à un stade précoce de leur développement, le siège d'une grande activité mortifère et le système nerveux ne fait pas exception, bien au contraire. La fonction physiologique de cette mort neuronale, telle qu'on la comprend en tout cas dans un système où un centre nerveux innerve une cible, qu'il s'agisse d'un autre centre nerveux ou d'un centre musculaire, est d'ajuster la taille des afférences à celle des cibles. Il reste que, selon les régions, ce sont de 10

---

viendrons bientôt aux autres dimensions, en particulier à la définition de l'axe dorso-ventral.

à 80 % des neurones qui meurent au cours du développement. Et, répétons-le, ce phénomène n'épargne pas les autres tissus.

Cette mort développementale, normale dira-t-on, est appelée mort programmée ou apoptose (en grec, chute des feuilles à l'automne) et se distingue, encore que la séparation ait parfois des frontières mouvantes, de cette mort nécrotique qui suit, par exemple, un accident vasculaire cérébral [3]. Cette dénomination de mort programmée est liée à l'existence de gènes nécessaires à cette fonction vitale essentielle qu'est l'exécution du programme « mort cellulaire ». Certains ont parlé d'un « suicide » cellulaire.

Voilà qui me ramène à notre nématode. Comme la drosophile, le poulet ou la souris, le nématode possède un avant et un arrière, donc une polarité antéropostérieure déterminée par l'existence de gènes homéotiques disposés en perles le long du fil chromosomique et présentant des similarités de structure avec les gènes de drosophile ou de vertébrés. Autrement dit, aussi éloigné qu'il soit, ce ver reste un parent assez présentable.

Le nématode diffère des insectes et encore plus des vertébrés par sa petite taille et par un développement presque entièrement génétiquement programmé. Je reviendrai sur cette notion, mais disons pour l'instant que la part de l'aléatoire ou, si l'on veut, de l'histoire individuelle, dans la construction du nématode, en particulier des neurones de son système nerveux, est minime. De ce fait, tous les nématodes se ressemblent et chacun des neurones, chacune des synapses (contacts entre neurones) peuvent être identifiés et

---

3. Frontières mouvantes, parce que nous ne connaissons pas bien dans la mort qui suit un processus ischémique la part de mort nécrotique rapide et la part de mort secondaire qui pourrait correspondre à une apoptose.

sont retrouvés à l'identique d'individu à individu, si j'ose dire, le concept d'individu perdant ici son sens habituel [4]. Cette prédictibilité anatomique ne concerne pas seulement les neurones qui survivent, mais aussi ceux qui meurent, toujours au même endroit et toujours au même stade du développement. Cette connaissance très précise des neurones programmés pour disparaître a permis d'identifier des mutants chez lesquels certains neurones « oubliaient » de mourir ; il a ainsi été possible de caractériser, grâce à ces mutations, des gènes impliqués dans ce processus de mort cellulaire programmée.

La *figure 11* donne l'allure du processus chez le nématode et cite les noms de certains de ces gènes impliqués dans la régulation de l'apoptose. J'insisterai ici sur deux d'entre eux : les gènes *CED-9* et *CED-3*. *CED-9* est un gène dont le produit protéique assure la survie des cellules. Il se trouve qu'après avoir déterminé sa séquence, on s'est aperçu que ce gène ressemblait à un gène dit *BCL-2* dont la surexpression chez l'homme est responsable de certaines tumeurs du système immunitaire, ou leucémies. Cette découverte amena à faire deux considérations. D'une part, certains mécanismes de mort cellulaire chez l'homme et chez le nématode sont suffisamment voisins pour que la perte de *CED-9* chez l'invertébré puisse être compensée par l'introduction de *BCL-2*. D'autre part, la leucémie en question n'est pas due à une prolifération anormale des cellules, mais à leur manque à mourir, le maintien d'une quantité normale de lymphocytes étant le résultat d'un équilibre entre la production de cellules à par-

4. Le concept d'individu n'est pas identique selon les espèces. Il n'est pas le même chez un ver qui ne se distingue en rien, ou presque, de son voisin et chez un vertébré dont la structure du système nerveux porte la trace matérielle de l'histoire individuelle. Je reviendrai sur cette importante question dans les derniers chapitres de ce livre.

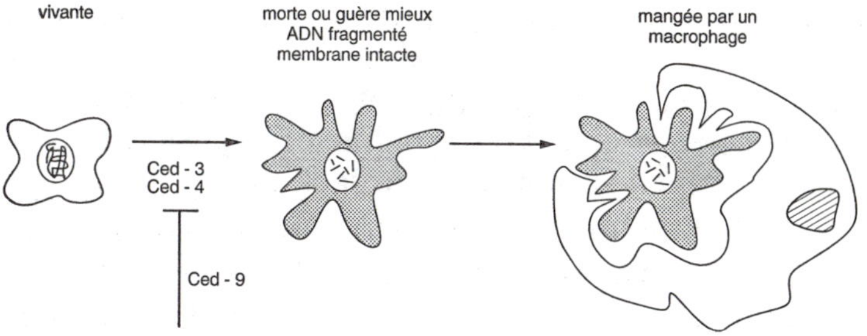

FIGURE 11 – *Une cellule devient apoptotique. Cette mort est marquée par l'expression des gènes CED-3 et CED-4, mais peut être bloquée par CED-9. L'ADN des cellules en apoptose se fragmente, mais la cellule est engloutie par un macrophage avant d'avoir laissé échapper son contenu.*

tir de cellules souches et la mort par apoptose d'une quantité identique de cellules matures [5].

L'autre gène, *CED-3*, a une fonction inverse, c'est-à-dire que sa surexpression entraîne la mort. La recherche d'homologues chez la souris et chez l'homme a conduit à l'identification d'une famille de protéines, des protéases particulières, dont le rôle est de cliver d'autres protéines pour en libérer leur domaine actif. Ces protéases, qui convertissent un précurseur et permettent de produire un fragment biologiquement actif, sont appelées des convertases [6]. CED-3 est en fait l'homologue chez le nématode d'une convertase qui participe chez l'homme à la maturation d'une hormone, l'interleukine, impliquée dans de

5. Je renvoie aux considérations du premier chapitre sur l'équilibre entre création et mort qui joue de façon silencieuse dans la physiologie quotidienne des organismes.

6. Un certain nombre de protéines ont une activité masquée ; elles existent sous la forme de précurseurs inactifs. En cas de besoin, l'activité peut être libérée par l'activation en amont de convertases ou enzymes de maturation. On voit à quel point ce système assure une certaine sécurité puisqu'il faut activer les convertases pour qu'elles-mêmes activent à leur tour les principes actifs. Le modèle classique de ces chaînes d'activation est celui de la coagulation du sang, dont la régulation assure à la fois la fluidité dans l'organisme et la capacité à coaguler en cas de blessure.

nombreux processus biologiques, en particulier au niveau du système immunitaire.

Pour quitter le nématode, j'introduirai un troisième gène découvert chez la drosophile et baptisé du doux nom de *REAPER* en mémoire de Jack the Reaper (Jack l'éventreur) parce que sa délétion bloque presque toute mort cellulaire chez la drosophile. Ce gène est très important pour le développement de cet organisme et son absence, si elle assure la survie des cellules, est, sans jeu de mots, mortelle pour l'individu, en particulier parce qu'elle empêche, au moment de la métamorphose, la dégénérescence des cellules de la pupe, l'imago restant de ce fait prisonnière de sa gangue. Si *REAPER* n'a pas, à ce jour [7], été retrouvé chez les vertébrés, il existe, par contre, une homologie frappante entre la séquence de REAPER et celle du domaine de mort *(death domain)* présent du côté cytoplasmique de récepteurs dont l'activation conduit à la mort cellulaire, par exemple le récepteur du TUMOR NECROSIS FACTOR, ainsi nommé parce qu'une de ses caractéristiques est de tuer les cellules tumorales. Comme la *figure 12* le montre, ce facteur se fixe sur son récepteur, une protéine qui traverse la membrane, et le domaine de mort qui est du côté du cytoplasme impose à la cellule d'engager le processus d'apoptose. Cette liaison d'un domaine libre chez la drosophile à une protéine de type récepteur ajoute, on le voit, une possibilité de régulation de la mort par l'extérieur et permet de jouer sur les circonstances physiologiques nécessaires à la mise en œuvre du programme.

On pourrait, ainsi que je l'ai souligné, compléter le tableau à loisir, nommer un à un tous les gènes connus impliqués dans l'apoptose et décrire ce que

7. Ce qui ne veut pas dire que cela ne viendra pas rapidement, vu le nombre d'équipes de chercheurs qui sont sur le coup (si tant est, bien entendu, qu'un homologue existe).

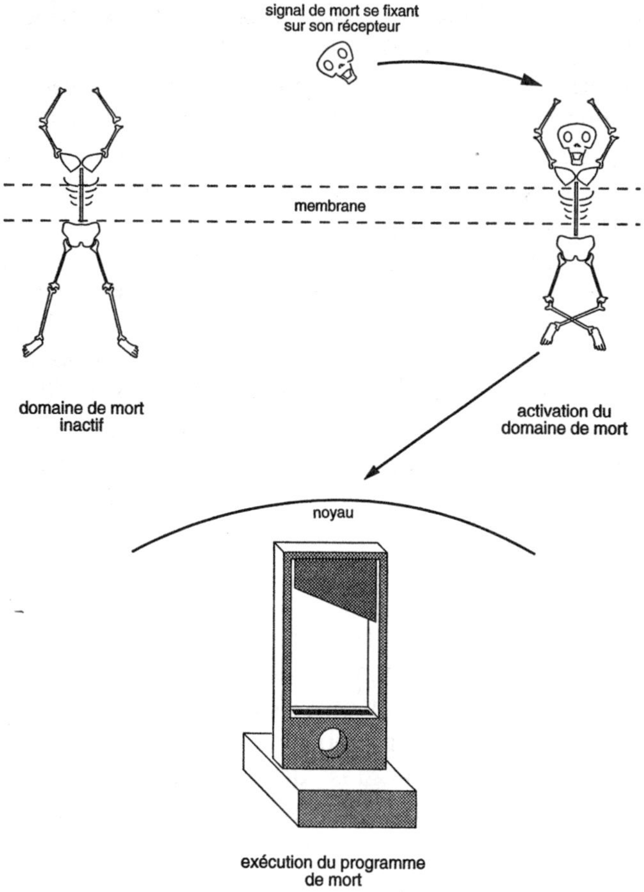

FIGURE 12 – *Le signal de mort se fixant sur le domaine extracellulaire du récepteur active le domaine mort intracellulaire. Cette transduction du signal extracellulaire conduit à la mise en route du programme apoptotique.*

nous savons des mécanismes. Là n'est pas mon but et le message est, ici encore, celui de l'étonnante conservation évolutive des mécanismes biologiques les plus fondamentaux.

Il s'agit, en effet, d'un message important, non seulement sur le plan de la philosophie zoologique, mais aussi sur celui, beaucoup plus pratique, de la recherche médicale. En effet, si les gènes et les mécanismes qui sous-tendent les processus physiologiques comme la différenciation ou la mort cellulaire, la prolifération ou la migration – que l'on pense aux tumeurs et aux métastases – sont identiques ou seulement proches – c'est effectivement le cas – pour une grande partie des métazoaires, des plus simples aux plus élaborés, alors les organismes élémentaires possédant un nombre restreint de gènes se révèlent d'une très grande utilité pour comprendre les processus physiologiques fondamentaux, normaux et pathologiques. Rappelons qu'il n'y a qu'une seule physiologie, et non une physiologie normale et une physiologie pathologique, de même qu'il n'y a pas – l'image est de Claude Bernard lui-même – deux mécaniques, l'une pour construire les maisons et l'autre pour les détruire.

Puisque les décideurs et les communicateurs, ceux qui forment et suivent l'opinion [8], ont toujours besoin d'exemples pris à l'étranger, de préférence aux États-Unis, qu'ils apprennent que c'est sur la base de l'universalité des mécanismes biologiques que des compagnies de biotechnologies utilisent actuellement la drosophile comme tube à essais dans la recherche de gènes impliqués dans des maladies humaines. À cette fin, elles mutagénisent la drosophile jusqu'à saturation (chaque gène peut ainsi être muté), recherchent les dérèglements qui s'ensuivent, clonent les gènes responsables et identifient leurs homologues chez l'homme. Il est vrai que d'arriver à ce stade demande que l'on n'ignore pas les aspects les plus fondamentaux de la biologie et que l'on cesse de faire une distinction de

8. Certains disent « la demande sociale » sans toujours se poser la question de savoir comment elle se constitue, comme si elle apparaissait spontanément et sous une forme toujours naturellement juste.

plus en plus arbitraire entre ce qui est fondamental et ce qui ne l'est pas pour financer préférentiellement ce qui semble *a priori* appliqué ou applicable [9].

Il apparaît de plus en plus évident que, sur la base d'une alliance hétéroclite entre une technocratie qui ignore tout de la démarche scientifique et de la science en général, un grand mandarinat médical soucieux de préserver ou de reconquérir ses positions de pouvoir, et les tenants d'une idéologie ultra-gauchiste de la « science pour le peuple », s'est constituée une forme de lyssenkisme sournois [10] qui n'œuvre pas en faveur de la production de connaissances nouvelles. Qu'on songe qu'il n'y a pas, dans ce pays, seulement cinq laboratoires [11] qui travaillent de façon crédible sur le nématode. Si l'on n'y prend garde, dans la conjoncture et le climat idéologique actuels [12], ce sont des pans entiers de notre culture scientifique qui risquent d'être perdus au profit d'une recherche médicale mythique, mais au détriment de la vraie recherche médicale, celle qui s'adosse au développement du savoir. Soulignons à l'adresse de nos modernes philistins qui se gaussent si facilement de l'acharnement à comprendre la physiologie des mouches, que celles-ci ne sont pas les seules à nous donner les clefs de la connaissance médicale, mais que la cohorte des bactéries, levures,

9. Tant pis si cela conduit à réévaluer à la baisse la figure du médecin humaniste travaillant à soulager la misère humaine.

10. Voir note 1 du chapitre III.

11. C'est un chiffre optimiste.

12. Qu'on me permette de dire qu'il est marqué par un fort courant anti-intellectuel. Le microcosme universitaire appartient au monde et il n'y a aucune raison pour qu'il ne subisse pas, comme les autres sphères sociales, la montée du mouvement populiste le plus réactionnaire de l'après-guerre. Je dirais même qu'à partir du moment où un certain discours néo-poujadiste est repris, ne serait-ce que par bribes, par une part non négligeable de la classe politique classique – sous prétexte, par exemple, d'immigration –, il y a toutes les raisons du monde pour que cette bassesse de la pensée produise ses effets dans l'Université.

vers et autres animaux de laboratoire est là pour nous rappeler qu'il n'y a bel et bien qu'une physiologie.

Passé ce petit accès de colère, revenons à nos mouches et à nos vers pour donner un autre exemple de l'universalité des processus physiologiques et discuter le concept de morphogène et de champ morphogénétique. En effet, il n'est pas suffisant que des molécules soient similaires pour inférer l'existence de similitudes fonctionnelles. S'il est vrai – comme on le verra – que la même molécule peut, au cours du développement embryonnaire, être utilisée à différents stades pour remplir des fonctions distinctes, alors une réutilisation semblable peut également s'être produite au cours de l'évolution, tel gène qui contrôlera tel processus chez l'insecte pouvant être recruté pour une autre fonction chez la souris. Bricolage, dirait François Jacob.

Au cours du développement, un certain nombre de molécules sécrétées par les cellules jouent un rôle de signalisation. Ces molécules sont le plus souvent, mais pas toujours – que l'on pense aux neuromédiateurs [13] –, des protéines qui, après sécrétion, se fixent à des récepteurs présents sur d'autres cellules dites réceptrices. Les mécanismes d'activation sont variés, mais ils conduisent toujours à une modification au niveau intracellulaire des cellules porteuses du récepteur et plus ou moins voisines de la source du signal selon la capacité de diffusion de ce dernier. Enfin, cette activation des récepteurs et la transduction du signal conduisent dans la très grande majorité des cas à une modification de transcription au niveau du

13. Les neurones ou cellules nerveuses établissent des réseaux en formant des contacts intercellulaires spécialisés appelés synapses. Le neurone présynaptique libère le neuromédiateur qui se fixe sur un récepteur du neurone cible de l'autre côté de la fente synaptique. Les neuromédiateurs peuvent être des polypeptides, un peu comme les hormones, mais ils sont assez souvent des substances non peptidiques comme l'acétylcholine ou la noradrénaline.

génome, c'est-à-dire dans le noyau des cellules. Ainsi, par le biais de cette cascade d'événements, les cellules savent qui frappe à la porte et pourquoi, et répondent de façon appropriée, ce qui souvent au cours du développement, mais aussi chez l'adulte, veut dire multiplication, différenciation, mort, migration, etc. Comme la *figure 13* le suggère, les molécules de ce chemin qui mène du facteur extérieur à la transcription d'un ou de plusieurs gènes de la cellule réceptrice sont étrangement conservées au cours de l'évolution, ce qui conduit à dire que ce sont ces chemins mêmes qui sont ainsi conservés. À la séquence d'événements A-B-C-D chez la drosophile correspond la séquence A'-B'-C'-D' chez la souris, A est homologue de A', B de B' et ainsi de suite. On peut déduire de ces observations que les grands principes de signalisation ont été préservés au moins six cents millions d'années et que nous sommes, au niveau des opérations élémentaires, assez moléculairement proches de nos ancêtres – et il ne s'agit pas ici des grands singes.

Pour illustrer ce point, je prendrai maintenant un exemple qui permettra de réutiliser la double notion de champ et de gradient [14]. Il s'agit du rôle de la protéine HEDGEHOG [15] dans différents phénomènes biologiques chez la drosophile et chez les vertébrés, le poulet étant choisi ici comme modèle [16]. La protéine HEDGEHOG est sécrétée et se fixe sur un récepteur activant des voies de transduction dont tous les acteurs ne sont pas connus (certains sont des kinases, c'est-à-dire des enzymes qui ajoutent des groupement phos-

---

14. Voir note 2 du chapitre IV.

15. En français HÉRISSON. Mais nous garderons la nomenclature anglaise malgré les foudres toubonnaises.

16. Dans ce cas, il s'agit de SONIC HEDGEHOG qui a de fortes homologies de structure avec HEDGEHOG de drosophile. Par mesure de simplicité, j'appellerai les deux molécules du même nom : HEDGEHOG.

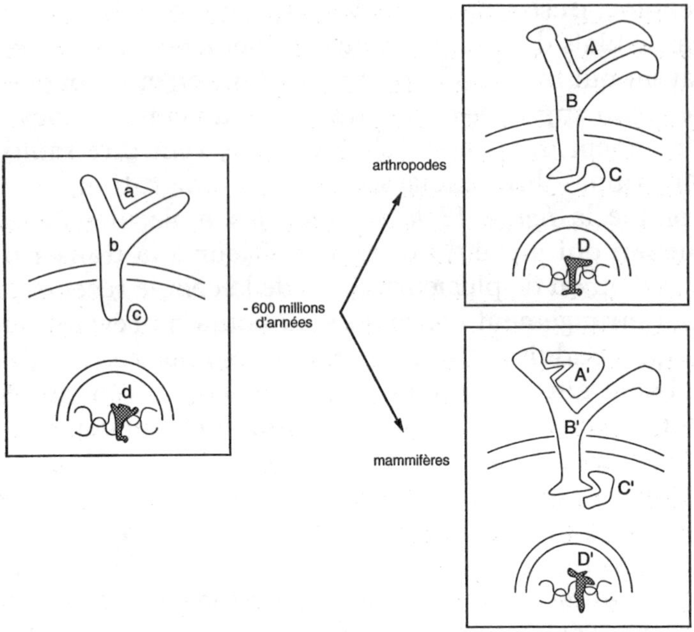

FIGURE 13 – *Co-évolution des quatre éléments d'un même système d'activation (a, A, A')/réception (b, B, B')/transduction (c, C, C')/transcription (d, D, D').*

phate à d'autres protéines et en modifient, de ce fait, les propriétés). Finalement sont mis en jeu un certain nombre de facteurs transcriptionnels selon un schéma général conforme à celui de la *figure 13*.

Si nous prenons un disque imaginal d'aile, c'est-à-dire, pour mémoire, le petit amas de cellules qui sera usiné en l'organe aile, nous constatons que le domaine postérieur de ce disque, qui donnera le domaine postérieur de l'aile, exprime et sécrète HEDGEHOG. HEDGEHOG se fixe sur des récepteurs dans la région postérieure et par là renforce la synthèse de la protéine à homéodomaine ENGRAILED [17] qui, elle-même, stimule

17. ENGRAILED est un facteur de transcription de la classe des homéoprotéines qui, chez l'insecte, marque le domaine postérieur

la transcription de *HEDGEHOG* dans un système de renforcement réciproque. Mais HEDGEHOG peut également diffuser jusque dans les régions plus antérieures qui, par définition, n'expriment pas ENGRAILED et se fixer à des récepteurs dont l'activation entraîne la synthèse d'un autre facteur de transcription [18], lequel gouverne la synthèse d'une protéine sécrétée, DECAPENTAPLEGIC, qui diffuse selon deux gradients, vers l'arrière et vers l'avant. En se reportant à la *figure 14* on constatera que ce processus conduit à l'établissement d'une hétérogénéité des concentrations en différents facteurs le long de l'axe antéro-postérieur de l'aile. Ces gradients de morphogènes établissent des champs morphogénétiques au sein desquels les cellules répondent à ces informations (une différence de concentration constitue une information) par l'activition des gènes appropriés (*CUBITUS INTERRUPTUS, SPELT, OPTOMER-BLIND*, etc.). Il s'ensuit une organisation des territoires avant et arrière tout à fait caractéristique : une morphogénèse. Ce processus de régionalisation de l'aile rappelle le problème dit du drapeau français qui tâche de rendre compte de la façon dont un gradient continu peut dessiner dans un espace des zones avec des bords francs. La comparaison entre le modèle de Wolpert et le cas de l'aile de drosophile est discutée dans la *figure 14* [19].

Suivant un mouvement désormais familier, je vais passer au poulet et montrer comment les mêmes types de stratégies, voire les mêmes molécules, peuvent par-

---

de chaque futur métamère. Il est donc normal qu'il soit exprimé dans le domaine postérieur de chaque disque imaginal. Nous retrouverons ENGRAILED dans les chapitres portant sur le système nerveux des vertébrés.

18. CUBITUS INTERRUPTUS.

19. On doit en effet à Lewis Wolpert, embryologiste anglais, ce modèle dit du drapeau français qui fut publié en 1969 dans *Journal of Theoretical Biology*, vol. 25, p. 1-47.

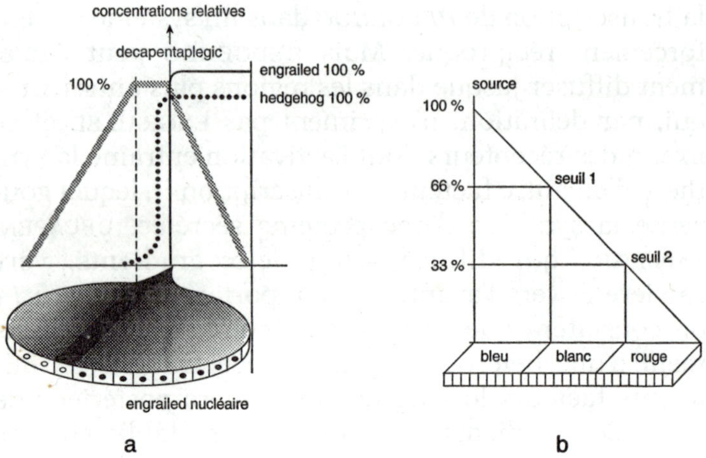

FIGURE 14 (a) – *Schéma de la compartimentation antéro-postérieure du disque imaginal de l'aile de la drosophile.* ENGRAILED *est une homéoprotéine nucléaire. Uniquement exprimée dans les cellules postérieures, elle stimule la synthèse de* HEDGEHOG. HEDGEHOG *est sécrétée et peut donc diffuser un peu au-delà de la frontière antéro-postérieure. Au niveau de cette zone,* HEDGEHOG *entraîne la synthèse et la diffusion de* DECAPENTAPLEGIC. *C'est la concentration de* DECAPENTAPLEGIC *qui déterminera quels facteurs de transcription seront activés dans les différents domaines de l'aile, contribuant ainsi à l'établissement de sa morphologie selon un schéma proche de celui proposé par L. Wolpert dans le problème dit du drapeau français.*
(b) – *Problème du drapeau français. Les cellules exposées, en unités arbitraires, à plus de soixante-six unités du facteur diffusible, expriment la couleur bleue ; les cellules exposées à des concentrations comprises entre trente-trois et soixante-six unités ne se colorent pas ; les cellules exposées à moins de trente-trois unités se colorent en rouge. Voilà comment un gradient continu peut conduire, grâce à des seuils, à un patron de différenciation discontinu.*

ticiper à la régionalisation dorso-ventrale du système nerveux [20]. En effet, nous avons jusqu'à présent beaucoup parlé de l'axe antéro-postérieur (nous n'en avons pas fini avec lui, qu'on se rassure) comme si nous étions des organismes filiformes ; mais nous avons bien une épaisseur, donc un axe dorso-ventral. Pour

20. Elles participent également à la régionalisation proximo-distale du membre, mais je laisserai cet exemple de côté.

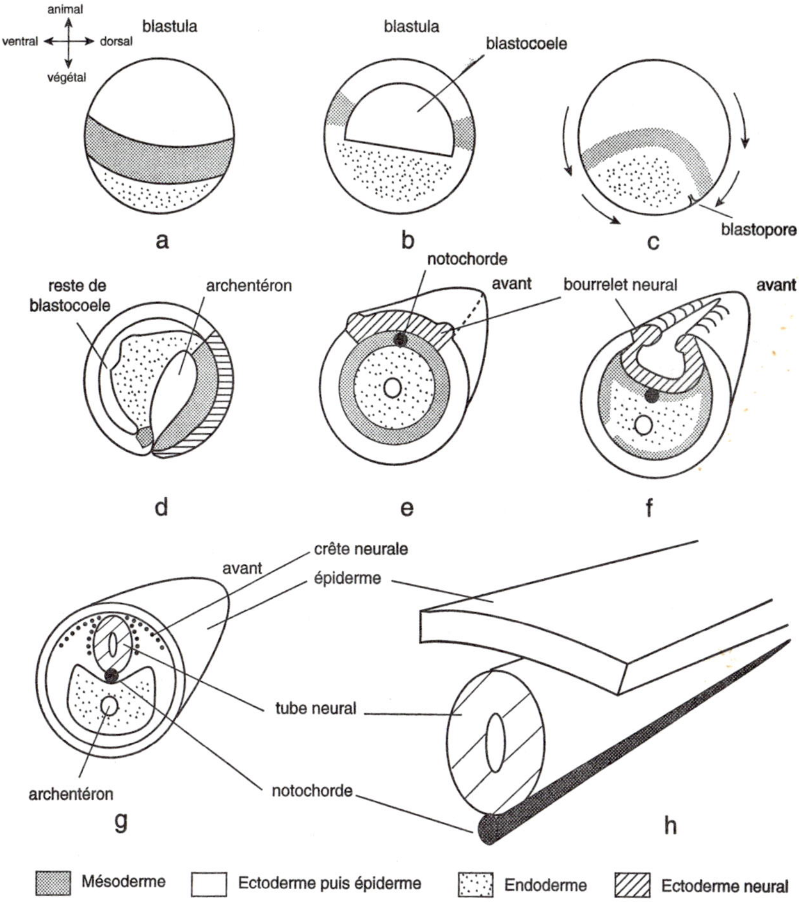

FIGURE 15 (a) – *Après fécondation, l'œuf de xénope se segmente et donne naissance à une boule de cellules, la blastula. Après induction mésodermique (voir chapitre* VII *sur l'induction neurale), la blastula est composée de trois domaines : l'endoderme, l'équateur mésodermique et l'ectoderme.*
(b) – *Une coupe dans la blastula montre la cavité interne ou blastocoele.*
(c) – *La suite des événements va conduire à la gastrulation, c'est-à-dire à l'internalisation des tissus mésodermiques et endodermiques. Cette internalisation se fait par migration des cellules dans la blastula, la voie de passage étant le blastopore ou « trou dans la blastula ». Les flèches indiquent ce mouvement de pénétration.*
(d) – *Coupe de gastrula montrant comment le blastocoele est peu à peu comblé, l'archentéron (future lumière du tube digestif) se forme et le mésoderme dorsal internalisé est au contact d'une zone de l'ectoderme, l'ectoderme neural.*
(e) – *Ce qui va se produire maintenant est l'internalisation de l'ectoderme neural et la formation du tube nerveux. À la fin de ce processus, le seul tissu externe sera l'épiderme. Le schéma montre un embryon sectionné transversalement. La partie hachurée, encore externe, est la plaque neurale avec, en sa périphérie, le bourrelet neural. En dessous se trouve le mésoderme dorsal avec, en position axiale, la notochorde.*
(f et g) – *La plaque neurale est internalisée et forme le tube neural qui donnera le système nerveux central (cerveau et moelle épinière). Les cellules du bourrelet neural se dispersent au moment de la fusion, puis migrent sous l'épiderme et entre le mésoderme et le tube neural : ce sont les cellules de la crête neurale. Elles formeront nombre de tissus dont l'essentiel du système nerveux périphérique.*
(h) – *Agrandissement de la région dorsale et axiale de la figure 15* (g).

en venir à ce point, il me faut brièvement mordre sur ce qui sera l'objet du prochain chapitre et décrire rapidement les différentes étapes du développement embryonnaire, en tout cas celles qui conduisent à la formation du tube nerveux chez le xénope, crapaud africain dont la grande taille de l'œuf a contribué à la popularité auprès des embryologistes. Disons tout de suite que ce schéma de développement est conservé, à des variantes près, chez tous les vertébrés. Je vais vite, en suivant la *figure 15*, puisque nous y reviendrons.

Après la fécondation, une étape de divisions cellulaires, ou plutôt de segmentation [21], conduit à la formation d'une petite boule de cellules, la morula, qui tire son nom de sa ressemblance avec une petite mûre. La morula se transforme en blastula, boule creuse dont la cavité interne est nommée blastocoele. C'est alors que se produit la gastrulation, au cours de laquelle les trois feuillets principaux – ectoderme, endoderme et mésoderme – qui donneront naissance aux différents tissus de l'organisme se mettent en place. Le système nerveux dérive de l'ectoderme. Cependant, une seule fraction de l'ectoderme, l'ectoderme dorsal, donnera naissance au tissu nerveux à la suite d'une série d'événements rassemblés sous le terme d'induction neurale et impliquant une interaction avec le mésoderme [22]. À ce stade de la gastrulation, le futur tissu nerveux est donc extérieur, sous la forme d'une plaque neurale à la surface de l'embryon, et ne va se constituer en tube qu'à la suite d'une internalisation de la plaque [23]. Sous le tube nerveux est pré-

21. L'œuf se divisant sans augmenter de taille, on a plutôt le sentiment qu'il se fragmente, d'où le terme de segmentation.

22. Je consacrerai le prochain chapitre à la question de l'induction neurale. Si l'on meurt d'impatience, on peut y aller tout de suite.

23. On voit ici que le système nerveux des vertébrés est un tube, ou même un plan, quand celui des insectes est ganglionnaire. Le

sente une structure transitoire et mésodermique, donc non neurale, la notochorde, que l'on trouve chez tous les chordés [24].

La notochorde est médiane ou plutôt axiale. Disons tout de suite qu'elle a la capacité d'organiser autour d'elle les structures latérales, en particulier le mésoderme paraxial qui, à son contact, se différenciera en vertèbres, lesquelles viendront protéger la moelle épinière. On ne sait si la notochorde organise les régions ventrales, notamment le tube digestif, d'origine endodermique comme ses glandes annexes (thyroïde, poumon, foie, pancréas), mais une chose est sûre, qui nous intéresse ici au premier chef, c'est qu'elle influence la régionalisation du tube nerveux.

Avant même la fermeture de la plaque et sa transformation en tube, la notochorde sécrète SONIC HEDGEHOG [25], un facteur – son nom l'indique – très proche moléculairement du HEDGEHOG des invertébrés, et induit les cellules de l'ectoderme neural immédiatement voisines à en faire autant. Ces cellules, après internalisation de la plaque neurale, se retrouveront en position ventrale et axiale du tube neural. On les appelle cellules de la « floor plate » (en français de cuisine [26] « plaque du plancher »). Cette induction des cellules du tube neural par la notochorde demande une forte concentration de HEDGEHOG, à vrai dire un contact direct entre la notochorde et les cellules qui

---

plan permet un plus grand rapport entre surface et volume, ce qui, dans un système qui doit être fortement irrigué par la circulation sanguine, est un avantage considérable. Un autre avantage dont l'évolution a usé sans retenue est que le plan peut être plissé, donc compacté pour tenir dans un petit espace. Chez *Homo sapiens*, l'épaisseur du cortex est de trois millimètres et sa surface de deux mètres carrés. Au lieu de toujours se demander quel est le poids du cerveau, on devrait donc plutôt s'inquiéter de sa surface.

24. Voir note 13 du chapitre III.
25. Voir note 16 du présent chapitre.
26. *Dignus, dignus est intrare in nostra corporatione.*

donneront naissance à la « floor plate ». Par contre, les futurs motoneurones, qui innerveront les muscles et sont présents dans les régions ventrales du tube nerveux, se différencient, c'est-à-dire deviennent effectivement des motoneurones en réponse à des concentrations plus faibles de HEDGEHOG *(figure 16)*. C'est ainsi que le gradient de HEDGEHOG, avec ses deux sources, la notochorde et la « floor plate », participe à la régionalisation du tube nerveux selon un axe dorso-ventral et organise, le long de cet axe, l'expression de différents facteurs de transcription. Sans entrer dans les détails, je veux simplement souligner ici à quel point le principe est proche de celui que nous avons rencontré plus haut dans le cas de l'aile de la drosophile.

Ajoutons pour compliquer un petit peu le modèle que l'ectoderme dorsal qui, par rapport au tube nerveux, se situe à l'opposé de la notochorde, sécrète lui aussi des morphogènes de la famille des facteurs morphogénétiques de l'os (BONE MORPHOGENETIC FACTOR ou BMP [27]), plus précisément les molécules BMP-2 et BMP-4 dont une des fonctions est de dorsaliser le tube nerveux. Par conséquent, la régionalisation totale du tube dépend de la lutte d'influence entre ces deux gradients opposés de morphogènes et des capacités des cellules du tube de répondre à des concentrations précises des différents facteurs diffusibles. De ce point de

27. Le nom de facteur morphogénétique de l'os a été donné du fait du premier rôle découvert pour ces facteurs. Comme nous l'avons vu, les mêmes facteurs peuvent être réutilisés plusieurs fois au cours du développement et pour des tâches différentes. Beaucoup de ces facteurs présentent de grandes similitudes de structure, définissant des familles moléculaires. C'est le cas des facteurs de croissance des fibroblastes (FGFs) ou des BMPs. Pour les distinguer, on leur attribue un numéro (FGF-1, FGF-2, etc.). Notons ici que DECAPENTAPLEGIC, déjà rencontré, est un homologue de BMP-4. En règle générale, je tâcherai d'éviter les abréviations ; mais quand elles deviendront nécessaires, je les définirai lors de leur première utilisation.

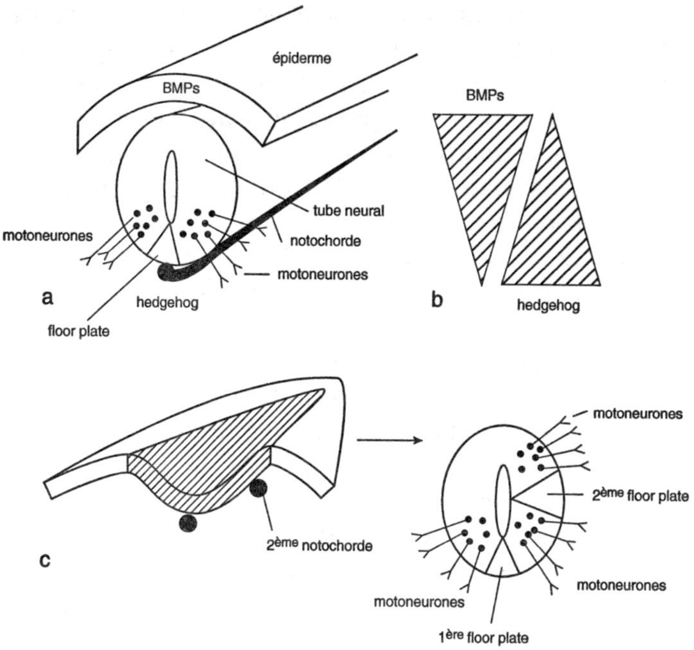

FIGURE 16 (a) – *La notochorde synthétise* HEDGEHOG *et transforme la région axiale et ventrale du tube en « floor plate » qui elle-même synthétise* HEDGEHOG. *Les gradients de* BMPs *(d'origine épidermique) et de* HEDGEHOG *régionalisent le tube nerveux avec, en région ventrale, les motoneurones qui innerveront les muscles.*
(b) – *Gradients de* BMPs *et* HEDGEHOG.
(c) – *La greffe d'une deuxième notochorde ventralise les domaines dorsaux, induisant la formation d'une deuxième « floor plate » et de nouveaux motoneurones.*
(D'après A. Lumsden, « Motorizing the spinal cord », Cell, *vol. 64, 1991, p. 471-473.)*

vue, une expérience amusante consiste à prendre une notochorde et à la greffer dans les régions dorsales. Cette opération ventralise la région dorsale et donne naissance à une nouvelle « floor plate » ainsi qu'à de nouveaux motoneurones (voir *figure 16*).

Il me reste à profiter d'avoir introduit les BMPs pour revenir, mais sur un plan plus général, à la comparaison des sytèmes nerveux des vertébrés et des invertébrés et au génie intuitif de Geoffroy Saint-Hilaire qui avait suggéré qu'au cours de l'évolution, à partir d'un ancêtre commun, le système nerveux des invertébrés avait adopté une position ventrale et celui des vertébrés une position dorsale, et qu'il suffisait de placer une langouste sur le dos pour saisir immédiatement la force de cette ressemblance. De fait, chez la drosophile, ce sont les cellules de l'ectoderme ventral qui donnent naissance au système nerveux, alors que chez les vertébrés, nous venons de le voir, ce système résulte de la différenciation de l'ectoderme dorsal. Cette différence de localisation a été retrouvée au niveau des gradients de morphogènes. À un stade précoce du développement des insectes, la différenciation dorso-ventrale de l'ectoderme est générée par la présence de DECAPENTAPLEGIC dans un domaine dorsal et d'une autre protéine diffusible, dite SOG (pour SHORT GASTRULATION), dans la région ventrale, celle du futur ectoderme nerveux. Chez le xénope, dont l'ectoderme neural est en position dorsale (voir *figure 15*), BMP-4, homologue de DECAPENTAPLEGIC, est exprimé de façon ventrale [28] alors qu'un homologue de SOG, la CHORDINE, est exprimée dans un domaine dorsal. Autrement dit, chez les insectes et les vertébrés, ces deux gradients de protéines homologues qui président à l'emplacement des futures régions neurogéniques sont inversés, venant ainsi donner un support moléculaire à la proposition « renversante » faite par Geoffroy Saint-Hilaire en 1822.

28. À ce stade, BMP-4 est ventral. C'est après la fermeture du tube nerveux qu'il devient dorsal comme nous l'avons vu dans la *figure 15*. On peut proposer que l'internalisation du tube nerveux ramène les tissus latéraux et ventraux en position dorsale, à la manière d'un lifting.

Chapitre VI

De l'œuf au cerveau

Quand on parle du cerveau, ou plus largement du système nerveux, le premier terme qui vient à la bouche est « complexité », ce qui signifie – plus prosaïquement – ignorance. Mais, heureusement, cette ignorance des mécanismes à l'œuvre dans la construction du système nerveux n'est pas totale et, surtout, nous pouvons assez facilement dénombrer les grandes étapes qui mènent de l'œuf au cerveau. Car au point de départ, il y a bien une cellule unique, l'œuf, qui, à la suite de nombreux événements, de la prolifération à la mort en passant par la migration et la différenciation, conduit à ce corps au sein duquel le cerveau occupe une place importante dans la coordination des différents organes et les interactions de l'individu avec le monde qui l'entoure, lui-même faisant partie de ce monde, comme l'illustre la conscience de soi. Dans ce chapitre, je voudrais brosser à grands traits les différentes étapes du développement du système nerveux, quitte à revenir plus longuement par la suite sur certaines d'entre elles.

Brièvement, les étapes du développement des vertébrés sont, avec des variantes liées à l'espèce, toujours les mêmes. Dans le chapitre précédent, je me suis servi du xénope pour montrer comment on passe du stade unicellulaire, celui de l'œuf fécondé, à celui de la morula, puis de la blastula. J'ai indiqué qu'au cours de la gastrulation se produisait un événement important, l'induction neurale, par laquelle une fraction de l'ectoderme dorsal était engagée dans un destin neuronal. L'embryon qui possède un tube nerveux, après internalisation de la plaque neurale, est une neurula. Ce tube, régionalisé dans le sens dorsoventral sous la double influence de l'ectoderme dorsal et de la notochorde, présente aussi une polarité antéro-postérieure dictée par l'expression de gènes de développement avec, à l'avant, les régions qui donneront le cerveau et, à l'arrière, celles qui se différencieront en moelle épinière [1].

Au stade de la neurula, le tube nerveux est composé d'une couche de cellules, le neuroépithélium. Il s'ensuit que la formation du système nerveux mature demande une intense activité de prolifération cellulaire qui, pour l'essentiel, prend place dans une zone très restreinte proche de la lumière du tube, la zone ventriculaire, et se poursuit pendant une période plus ou moins longue du développement. Si nous prenons comme exemple le cortex cérébral des mammifères, nous observons chez l'adulte six couches principales, chacune remplissant une fonction particulière. Comme les divisions ont lieu au niveau de la zone ventriculaire, cela signifie que les cellules générées par le processus mitotique doivent migrer pour atteindre et, du même coup, former les couches appropriées. C'est dire que cette migration ne se fait pas au hasard et que les cellules, en fonction de leur date de naissance, « savent » quelles couches elles doivent rejoindre pour

1. Ces questions de polarité et de régionalisation antéro-postérieure, sous-jacentes dans ce chapitre, seront reprises plus largement dans les suivants alors que nous discuterons la signification évolutive et fonctionnelle de cette distinction entre cerveau, moelle épinière et systèmes sensoriels.

s'y différencier. On retrouve là une problématique proche de celle que j'ai discutée dans le chapitre IV.

Si maintenant nous faisons l'analyse cellulaire du système nerveux, nous observons la présence d'un très grand nombre de cellules différentes. Des neurones, certes, mais qui, même s'ils tiennent beaucoup de place à cause de leurs prolongements et ramifications, ne comptent pas pour plus de 10 à 20 % des cellules. Ces neurones sont eux-mêmes très divers par leurs formes et par les neuromédiateurs, ou messagers chimiques, qu'ils synthétisent. Parmi les autres cellules, les grosses cellules gliales – on parle de macroglie – sont des dérivées de l'ectoderme neural. Elles sont donc des cousines proches des neurones avec qui elles partagent les mêmes précurseurs présents dans l'épithélium neural. On peut ainsi s'interroger sur le lignage cellulaire, c'est-à-dire sur les relations de parenté entre ces cellules, et sur les mécanismes qui sous-tendent la décision, à partir d'un ancêtre cellulaire commun, de donner naissance à un neurone ou à une macroglie. Les macroglies ne sont, par ailleurs, pas homogènes et il faut distinguer les astrocytes et les oligodendrocytes.

Les fonctions des astrocytes ne sont pas toutes connues et si, chez l'adulte, ils semblent importants pour maintenir l'homéostasie ionique du système nerveux, par exemple en recapturant le potassium libéré par les neurones en activité [2], il est de plus en plus clair qu'ils interviennent au cours du développement comme sources de facteurs de croissance et de survie, en même temps qu'ils dirigent la migration des neurones et la formation de leurs prolongements. Les

2. La libération des neuromédiateurs par la terminaison présynaptique est accompagnée d'une entrée de sodium et d'une sortie de potassium. Le retour à la normale exige donc que le potassium soit recapturé par les cellules, les neurones, mais aussi, et surtout, les astrocytes.

oligodendrocytes, pour leur part, s'enroulent autour des fibres neuronales, formant un manchon de myéline qui isole les axones et accélère la vitesse de propagation de l'influx nerveux. Cette myéline constitue ce qu'on appelle communément la substance blanche.

Mais le système nerveux, malgré son nom, n'est pas uniquement constitué de dérivés du neurectoderme. Deux autres types cellulaires, au moins, y jouent un rôle fondamental. D'abord, des macrophages cérébraux, petites cellules découvertes au début de ce siècle par del Rio Hortega, un élève de Ramón y Cajal [3], et que leur petite taille a fait dénommer microglies. Ces cellules qui viennent du système immunitaire envahissent le cerveau très tôt au cours de son développement. Elles jouent un rôle important non seulement dans la défense du système nerveux, mais aussi dans sa différenciation. Une des propriétés de ces cellules est la phagocytose des débris cellulaires et même des cellules entières. Bien que petites, elles ont bon appétit et ne s'appellent pas macrophages (grandes mangeuses) pour rien.

Entre autres fonctions sur lesquelles je ne m'étendrai pas, les microglies débarrassent le système nerveux en construction des nombreux cadavres et débris qui ne manquent pas de s'accumuler dans un organe qui perd près de la moitié de ses cellules au cours de sa formation et dont de nombreuses fibres nerveuses dégénèrent pendant la synaptogénèse [4]. Chacals ou

---

3. S. Ramón y Cajal (1852-1934), anatomiste espagnol qui reste encore aujourd'hui une référence obligée. Il est le père de la théorie neuronale qui spécifie que les neurones sont des unités cellulaires distinctes communiquant par contacts. Cette théorie allait à l'encontre de la conception réticulariste du physiologiste italien C. Golgi (1843-1926), qui pensait que les neurones formaient de grands réseaux anastomosés.

4. Dans le chapitre précédent, j'ai insisté sur la mort neuronale. Mais il arrive que, dans le cas des neurones, les fibres axonales dégénèrent alors que le corps cellulaire reste intact. Comme la

vautours, comme on voudra, ces petits macrophages rendent un fier service ; qu'on imagine à quelle décharge ressemblerait un système nerveux encombré de débris. Pour ne rien dire de l'ADN qui, libéré par les cellules mortes, pénétrerait dans les survivantes, s'intégrerait en partie à leur génome et amènerait immanquablement à des transformations génétiques. C'est sans doute pourquoi les microglies, reconnaissant les cellules en apoptose avant leur désintégration finale, les gobent, pour ainsi dire, entières. Enfin et pour en finir avec ce descriptif cellulaire, n'oublions pas que le cerveau est grand consommateur d'oxygène et que celui-ci est apporté par la circulation sanguine. Les cellules musculaires et endothéliales qui constituent ces vaisseaux y sont donc présentes en masse [5].

Autre grande question, celle de la différenciation et de la navigation des neurites. Le système nerveux est, nul n'est censé l'ignorer après les dégâts causés par la métaphore de l'ordinateur, un grand réseau de fibres nerveuses connectées entre elles au niveau d'une structure particulière, la synapse. La constitution de ces réseaux demande que les neurones émettent des prolongements, en particulier des axones, qui voyagent à travers l'espace tridimensionnel du système nerveux, ou plus largement du corps, pour rechercher et finalement trouver leur cible ou, moins militairement, l'âme sœur. Les distances à franchir, même chez l'embryon, sont parfois très grandes. Si nous attribuons, par exemple, au corps cellulaire des moto-

---

mort neuronale, la dégénérescence des fibres est un des moyens d'éliminer la redondance et de diminuer la multi-innervation qui se produit aux étapes précoces du développement. Pour plus de détails, voir J.-P. Changeux, *L'Homme neuronal,* Paris, Fayard, 1984.

5. Le passage de la circulation générale vers le cerveau est cependant très contrôlé, les cellules endothéliales des vaisseaux constituant une barrière, la barrière hémato-méningée, qui interdit l'entrée du système nerveux central aux intrus.

neurones de la moelle ventrale, la taille d'un ballon de foot au milieu du parc des Princes, toutes proportions gardées, son extrémité se trouverait quelque part du côté de Poitiers. L'extrémité de l'axone en croissance, son cône de croissance, véritable tête chercheuse, a donc fort à faire pour lire dans cet espace l'information positionnelle qui lui permettra de naviguer avec précision et d'établir au cours de ce voyage, comme à son terme, les contacts appropriés avec des cellules qu'il lui aura fallu – autre problème – reconnaître. Certaines erreurs sont permises qui seront corrigées par la mort apoptotique des perdants ou la dégénérescence des fibres mal placées, mais, d'une façon générale, on ne peut qu'être frappé par l'extrême précision du processus et par sa reproductibilité. Nul doute, donc, qu'une part génétique importante intervienne dans la définition des trajets et la reconnaissance des cibles.

Une fois les cibles atteintes et les synapses formées et stabilisées, on peut dire que le système est prêt. Mais contrairement à ce que cette façon chronologique de présenter les étapes du développement pourrait laisser supposer, le système a fonctionné physiologiquement au cours de sa construction et cette activité a contribué à l'ouvrage, ce qui module et corrige l'idée d'une contrainte génétique stricte dans la mesure où entre dans ce fonctionnement une part d'adaptation aux mondes extérieurs et intérieurs. Je reviendrai sur ce point dans les derniers chapitres, mais, d'ores et déjà, je voudrais te préparer, lecteur, à l'idée que, même chez l'adulte, le fonctionnement continue de modifier la structure physique du système nerveux, provoquant des changements morphologiques très importants des réseaux. Ce phénomène, qui est une des bases de notre capacité à apprendre et à nous adapter, est rendu possible par l'immaturité prolongée du système nerveux central, la permanence en certaines de ses régions d'un état embryonnaire, en un mot sa néoténie [6].

Avant d'entrer dans le détail de certains mécanismes de développement, il reste à décrire les étapes fondamentales de la morphogénèse du cerveau antérieur et à donner un aperçu du schéma général de son organisation chez l'adulte. Je prendrai pour exemple le système nerveux de l'homme *(figure 17)*. Le tube nerveux se différencie d'abord en quatre vésicules, soit, de l'avant à l'arrière : prosencéphale, mésencéphale, rhombencéphale et moelle épinière, les trois premières donnant naissance à ce qu'il est convenu d'appeler le cerveau. Une différenciation ultérieure permet de former, à partir du prosencéphale, le télencéphale (plus antérieur) et le diencéphale qui sont suivis, toujours en voyageant vers les régions caudales, par le mésencéphale, le métencéphale et le myélencéphale, puis la moelle épinière.

Pour les structures dont nous aurons à reparler, le télencéphale borde les ventricules latéraux et donne naissance au cortex cérébral, à l'hippocampe et aux ganglions de la base comme le striatum [7]. Le diencéphale, toujours pour s'en tenir à ce qui nous sera utile, borde le troisième ventricule et donne naissance au thalamus, voie de passage obligée pour toutes les fibres voyageant de la périphérie vers le cortex (voies sensorielles) et pour nombre de fibres allant du cortex vers la périphérie (voies motrices). L'hypothalamus et la neurohypophyse, si importants pour les comportements alimentaires et sexuels, sont égalœment d'origine diencéphalique ; ils ont, par les hormones qu'ils

---

6. Je rappelle que par néoténie du système nerveux j'entends le maintien de certains de ses caractères embryonnaires, en particulier de sa plasticité morphologique, alors que la maturité sexuelle est atteinte, voire dépassée.

7. Certains ont proposé pour le striatum une origine diencéphalique.

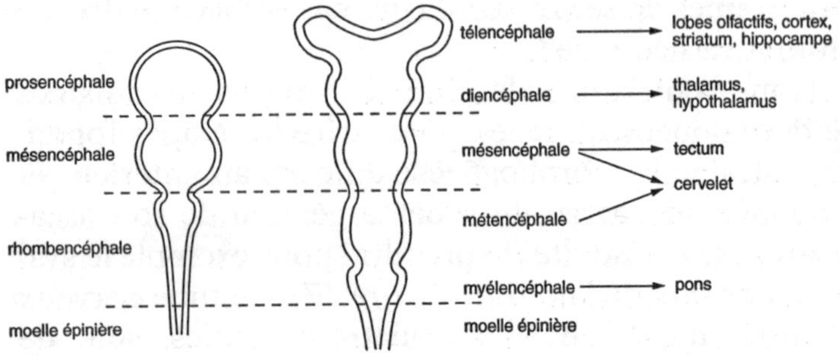

FIGURE 17 – *À l'avant de l'animal, le tube nerveux se différenciera en cerveau. Cette figure illustre la formation des vésicules et donne leurs principaux dérivés. Notons que le prosencéphale se subdivise en télencéphale et diencéphale, et le rhombencéphale en métencéphale et myélencéphale. À ce niveau antérieur, les territoires sont donnés et se subdivisent, un peu comme chez une drosophile.*
(D'après S. Gilbert, Developmental Biology, *Sinauer Associates Inc. Publishers, Sunderland, Massachusetts, 1994.)*

sécrètent et par celles qu'ils reçoivent, un accès direct avec le monde des humeurs [8]. Il reste que, de façon éclatante, par les hormones comme par les nerfs, le diencéphale est une structure pivot pour tout ce qui touche aux relations entre le cortex et le monde. Était-ce connaissance prémonitoire ? On peut dire que le terme de chambre ou lit nuptial, traduction littérale de thalamus, était particulièrement bien venu.

Le mésencéphale, traversé par l'aqueduc de Sylvius, donnera naissance à nombre de noyaux importants dont la substance noire, riche en neurones dopaminergiques qui innervent le striatum et le cortex, et dont la dégénérescence est à l'origine de maladies dégénératives graves comme la maladie de Parkinson. Pour la suite de l'histoire, il convient de retenir que ses régions dorsales se différencieront en colliculus supérieur, équivalent du toit optique du poulet et site

8. Voir J.-D. Vincent, *Biologie des passions*, Paris, Odile Jacob, 1986 (rééd. coll. « Opus », 1994) ; *La Chair et le Diable, op. cit.*

intégratif important des informations apportées par les afférences visuelles. Avec son suivant, le métencéphale, qui borde le quatrième ventricule et est à l'origine des noyaux du pont, il participera à la formation du cervelet. Enfin, le myélencéphale, comme son voisin directement antérieur, entoure le quatrième ventricule ; il est à l'origine du bulbe et de ses nombreux noyaux, dont certains portent des noms poétiques : noyau ambigu, noyau solitaire...

Passons maintenant au cerveau adulte [9]. À tout seigneur tout honneur, le cortex présente pour nous deux caractéristiques principales. La première est son organisation en six couches, numérotées de VI à I depuis les ventricules latéraux jusqu'à la surface *(figure 18)*. Nous verrons que la construction de ces couches se fait par prolifération des cellules souches de la zone ventriculaire qui, comme son nom l'indique, borde ces ventricules. Ces six couches ont des fonctions distinctes. Brièvement, la couche I ou moléculaire contient peu de neurones et est essentiellement constituée des fibres nerveuses qui établissent des connexions cortico-corticales à courte distance. Les couches II et III (granulaire externe et pyramidale externe, du nom des cellules des grains ou des neurones pyramidaux qui les caractérisent) sont principalement vouées aux connexions cortico-corticales entre des aires distantes, voire d'un cortex à l'autre. Ce sont ces connexions qui permettent de se saisir d'une pomme ou de suivre des yeux un déhanchement significatif (relation entre les cortex visuel et moteur). La couche V ou pyramidale interne, motrice, établit des contacts avec des noyaux de sortie comme le striatum,

9. Je n'introduirai ici que le cortex afin de poser les questions qui me paraissent fondamentales dans le cadre de cet essai. Les autres structures dont nous aurons besoin sont introduites dans la *figure 17* et les détails viendront quand nécessaire.

mais certaines de ses fibres peuvent rejoindre directement la moelle épinière. La couche VI, dite encore multiforme, envoie des projections vers le thalamus, voie de sortie importante, comme je l'ai déjà souligné. Enfin, la couche IV, ou granulaire interne, reçoit une très grande part des afférences sensorielles thalamiques. Notons, dans ce contexte, que nombre des neurones des couches III à VI sont directement innervés par les noyaux thalamiques. Pour finir, n'oublions pas les connexions intercouches. Bref, il existe une organisation en couches et cette organisation a une signification physiologique. C'est-à-dire que pour un précurseur neuronal venu, après migration, de la zone ventriculaire, l'arrêt dans telle ou telle couche signifie se différencier en neurones ayant une morphologie, une connectivité et une fonction déterminées.

Le deuxième point à retenir en ce qui concerne le cortex est que, malgré la grande uniformité de sa

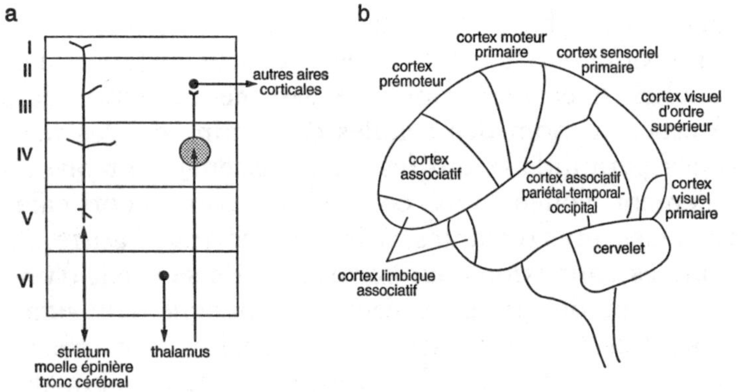

FIGURE 18 (a) – *Structure en six couches du cortex des mammifères. Chaque couche est spécialisée.*
(b) – *Schéma simplifié de la mosaïque des domaines spécialisés dans le cortex. La structure en six couches est identique dans chaque domaine. Notons le côté franc des frontières entre domaines.*
(D'après E. R. Kandel, J. H. Schwartz, T. M. Jessel (eds), Principles of Neural Sciences, *3e edition, Elsevier, 1991.)*

structure (où que l'on coupe, on trouve toujours ou presque les mêmes six couches avec les mêmes types neuronaux), il est en fait constitué de zones très spécialisées, de territoires affectés à des tâches physiologiques particulières : aires visuelles, aires auditives, aires sensorielles ou motrices, aires olfactives, aires du langage, aires associatives (voir *figure 18*). Une question fondamentale est celle du mécanisme de spécification de ces aires. Sont-elles prédéterminées ? Sont-ce les afférences thalamiques, elles-mêmes spécialisées, qui impriment ces spécifications aux différentes aires du cortex ? Mais alors la question devient celle de l'origine de la spécialisation des aires thalamiques : innée ou sous l'influence des afférences sensorielles, pour ainsi dire du monde ? En un mot, quelle est la part du monde extérieur ou intérieur dans la construction de ce qu'on peut appeler, à l'image du corps, les différents « organes du cerveau » ?

Les derniers chapitres de ce livre seront consacrés à ces questions, mais avant d'en arriver là et maintenant que j'ai décrit ces différentes étapes et donné un contenu à la prétendue complexité du cerveau, j'aimerais revenir, pour m'y attarder plus longuement, sur certaines de ces étapes de sa construction. J'en ai choisi trois, qui, d'une façon ou d'une autre, sont liées à la lecture d'une information de position, concept qui n'est pas sans liens, on l'aura désormais compris [10], avec les propriétés des gènes de développement, en particulier de ces gènes qui nous sont désormais familiers : les homéogènes. Commençons donc par le commencement, c'est-à-dire par l'induction neurale.

10. Sinon reprendre depuis le début ou mettre le livre à la poubelle.

Chapitre VII

L'INDUCTION NEURALE

C'est en 1924 que Hans Spemann [1] et Hilde Mangold font une observation qui va révolutionner la science embryologique. Cette observation résulte d'une série d'expériences au cours desquelles les deux savants transplantent de petits domaines de la blastula d'un triton dans différentes régions de la blastula d'un autre triton afin de comprendre le rôle de la localisation dans la différenciation [2]. Pour distinguer le tissu transplanté (donneur) du tissu receveur, ils utilisent deux espèces différentes, une albinos et une pigmentée. D'une façon générale, ils constatent que les tissus ainsi changés d'environnement s'adaptent à leur nouvelle localisation. Cependant, au cours de ces expériences, il est démontré qu'un petit domaine de l'embryon d'origine dorsale et mésodermique, la lèvre dorsale du blastopore, greffé dans la région ventrale

1. H. Spemann (1869-1941) découvrit en collaboration avec H. Mangold le phénomène d'induction neurale. Hilde Mangold est morte à vingt-six ans, juste après la publication de l'article, à la suite de l'explosion de sa gazinière dans laquelle on dit qu'elle faisait cuire une tarte aux pommes.

2. Il s'agit en fait de tracer des cartes du destin en étudiant, après développement de l'animal, la localisation et la différenciation des tissus greffés.

d'une blastula de même stade, non seulement ne s'adapte pas au devenir de son environnement, mais, au contraire, le modifie. Cette greffe, en effet, provoque une cascade d'inductions qui conduit à la formation d'un deuxième axe dorsal incluant un deuxième système nerveux *(figure 19)*.

Cette expérience faite chez le triton, puis sur le xénope, et reproduite, dans son principe, chez tous les vertébrés a conduit à appeler la lèvre dorsale du blastopore « centre organisateur ». L'équivalent de ce centre organisateur existe chez les vertébrés supérieurs. On parlera chez le poulet du nœud de Hensen et chez la souris du nœud de souris *(mouse node)*. La découverte des propriétés inductrices de la lèvre dorsale du blastopore a été suivie d'une longue période de « course à l'inducteur ». En effet, pour reprendre l'expression de Joseph Needham [3], ce phénomène laissait espérer qu'on serait vite en mesure, en extrayant et en identifiant le principe actif, d'expliquer au niveau moléculaire les phénomènes complexes de morphogénèse. Pour des raisons tenant à la nature du matériel biologique (le triton et la salamandre semblent très facilement « inductibles ») et aussi à un manque en outils moléculaires appropriés, cette chasse devait durer un peu plus de soixante-dix années ; à vrai dire, elle dure encore.

Revenons tout d'abord sur le phénomène d'induction neurale en rappelant que cette induction en suit une autre, dite mésodermique. Si nous reprenons le xénope, on s'en souvient, la gastrulation est précédée depuis la fécondation d'une suite de divisions cellu-

3. J. Needham (1900-1994) a travaillé en collaboration avec C. Waddington et J. Brachet à la recherche de la nature chimique de l'inducteur neural. Après une longue séries d'échecs, dus en partie à la nature élusive des molécules inductrices, ces trois savants se sont tournés vers d'autres travaux par lesquels ils ont marqué profondément leur époque.

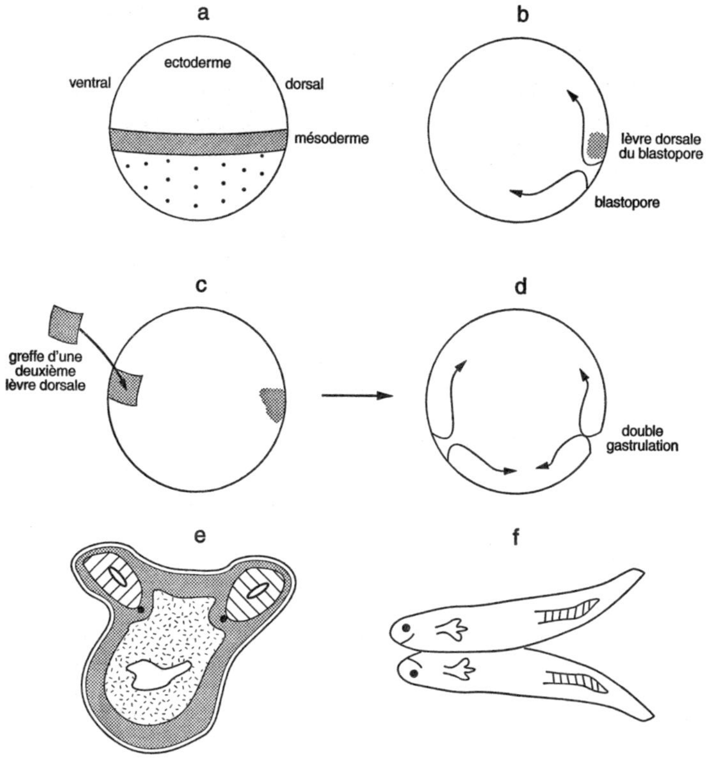

FIGURE 19 (a et b) – *Voir plus haut, figure 15.*
(c, d, e, f) – *Principe de l'expérience de Mangold et Spemann. Une deuxième lèvre dorsale du blastopore est greffée en position ventrale* ***(c)*** *; elle induit une double gastrulation* ***(d)*** *et une dorsalisation des tissus ventraux avec formation d'un deuxième tube neural* ***(e)*** *et d'un deuxième embryon* ***(f)***.

laires produisant une morula puis une blastula, boule de cellules enserrant une cavité, le blastocoele *(figure 20)*. On distingue dans la blastula un pôle animal et un pôle végétal. Le mésoderme primitif se développe à la frontière de ces deux pôles, définissant une zone équatoriale mésodermique. Cette induction implique des facteurs sécrétés par le pôle végétal, en particulier des facteurs de croissance, qui seront réu-

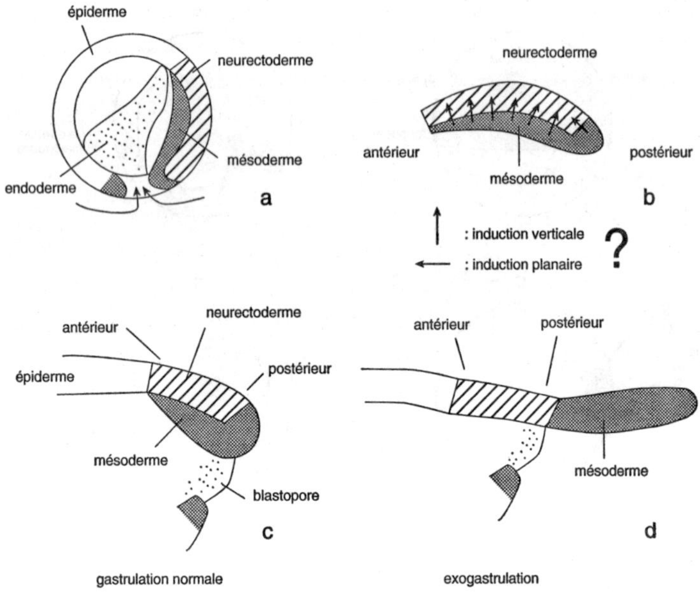

FIGURE 20 (a) – *Voir plus haut, figures 15 et 19.*
(b) – *Problème de l'induction neurale planaire ou verticale (voir sens des flèches) par le mésoderme.*
(c et d) – *Schéma de l'expérience d'exogastrulation. En* ***(c)****, le mésoderme entre dans le blastocoele ; il est en contact avec tout l'ectoderme neural. En* ***(d)****, il part à l'extérieur et seule la région ectodermique postérieure touche le mésoderme. Si induction et régionalisation de l'ectoderme se produisent dans la situation exogastrula, alors on peut se passer de signaux verticaux, ce qui semble être le cas.*
(D'après S. Gilbert, Developmental Biology, *Sinauer Associates Inc. Publishers, Sunderland, Massachusetts, 1994.)*

tilisés à d'autres fins tout au long de la construction de l'organisme, comme les facteurs de croissance des fibroblastes (FGFs) et les facteurs de croissance des tumeurs (TGFs), ces derniers étant de la famille des BMPs.

Quoi qu'il en soit, le centre organisateur, zone comprenant donc l'organisateur neural, correspond à la région dorsale de cette zone mésodermique. Au cours de la gastrulation, période précédant la formation de la neurula, et ce toujours chez le xénope, les cellules mésodermiques de la région dorsale du blastopore (trou dans la blastula) pénètrent dans la cavité de la blastula (par ce trou justement) et viennent tapisser étroitement l'ectoderme dorsal de l'avant à l'arrière. On peut donc, à ce stade, faire état d'un mésoderme antérieur et d'un mésoderme postérieur, et d'un ectoderme dorsal montrant lui aussi une antéro-postériorité. Or il est clair que, pour les futures cellules du système nerveux qui dérivent de l'ectoderme après induction par le mésoderme, le patron de différenciation suit des instructions d'ordre topologique, le cerveau à l'avant et la moelle épinière à l'arrière, avec au niveau du cerveau, plusieurs vésicules du prosencéphale au rhombencéphale.

On peut donc se demander si la topologie antéro-postérieure du système nerveux est induite verticalement par la topologie antéro-postérieure du mésoderme sous-jacent, selon un mode d'induction vertical ; ou si, au contraire, c'est à partir de la lèvre dorsale du blastopore que se produit une série d'événements horizontaux ou planaires qui, de proche en proche, soit de cellule à cellule, soit par un gradient de substances diffusibles, déterminent le devenir morphologique des différentes régions du système nerveux. Ce débat, dit de l'induction planaire ou verticale, est illustré dans la *figure 20*. Le modèle d'induction verticale a l'avantage de la simplicité. Jusqu'à une date récente, il était dominant du fait d'expériences anciennes dites d'exogastrulation dans lesquelles le mésoderme, au lieu de pénétrer dans le blastocoele par le blastopore, se forme à l'extérieur de la gastrula (d'où le terme d'exogastrulation). Dans ces expériences, schématisées dans la *figure 20*, et sur la base de l'observation purement morphologique de l'ectoderme, aucune régionalisation n'étant observée, on a pu conclure à la nécessité, pour la régionalisation de l'ectoderme neural, ou encore de la plaque neurale, d'un contact mésoderme-ectoderme dorsal sur toute la longueur de celui-ci, et donc d'une induction verticale.

Ces expériences ont été reprises récemment en suivant, non plus des caractéristiques morphologiques, mais des marqueurs moléculaires et, plus précisément, l'expression de gènes spécifiques de zones précises du système nerveux le long de son axe antéro-postérieur, généralement des facteurs de transcription dont des homéoprotéines qui, nous l'avons vu, constituent de bons marqueurs de la position le long de cet axe. L'utilisation de ces gènes a conduit à démontrer leur expression dans les zones appropriées de l'axe antéro-postérieur de la plaque neurale d'embryons « exogastrulés », ressuscitant ainsi l'hypothèse de l'induction planaire.

Ce débat qui peut paraître légèrement académique recouvre, en fait, une question très importante [4] relative aux mécanismes de l'induction neurale. Ce qui semble se dégager comme notion essentielle est qu'elle s'effectue en deux étapes : d'abord, l'acquisition du caractère neural antérieur, puis une régionalisation du neurectoderme sous l'influence de facteurs diffusibles, des morphogènes sécrétés par les régions les plus postérieures dont un membre de la famille des FGFs, le FGF-2. Ainsi *(figure 21)* la première induction, planaire ou verticale [5], conduirait à la formation d'une plaque neurale totalement composée de tissus antérieurs – le futur cerveau –, mais sans régions postérieures, sans future moelle épinière. Les régions postérieures sont spécifiées plus tard et une à une, par caudalisation des régions antérieures ou plutôt des zones qui bourgeonnent à partir de ces domaines antérieurs, et ce

4. Pour peu qu'on s'intéresse, évidemment, à la formation du système nerveux.

5. Ce point n'est pas clairement établi dans la mesure où, avant la gastrulation, la lèvre dorsale du blastopore peut influencer l'ectoderme voisin de façon planaire.

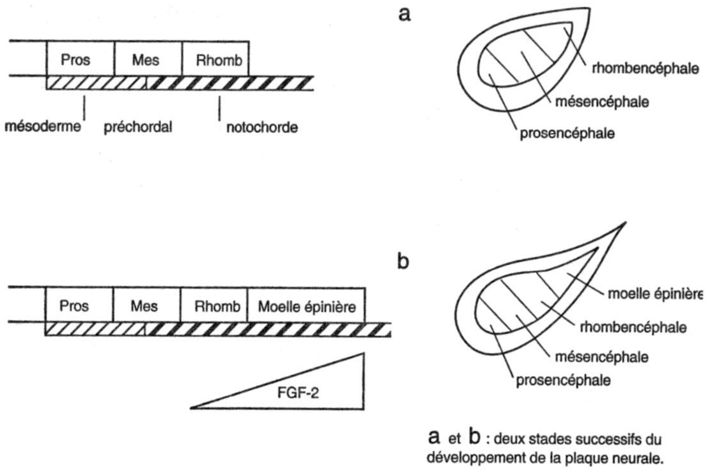

FIGURE 21 (a) – *Stade précoce de l'induction neurale. L'inducteur ou les inducteurs d'origine mésodermique neuralisent l'ectoderme (production de la plaque neurale) en produisant le système nerveux antérieur : prosencéphale, mésencéphale et rhombencéphale (voir plus haut, figure 17).*
(b) – *Les régions postérieures du système nerveux sont produites, probablement par bourgeonnement, sous l'influence de concentrations croissantes d'un facteur caudalisant : on soupçonne le* FGF-2. *Notons que la notochorde (hachures épaisses) s'arrête vers le milieu du mésencéphale. Le mésoderme antérieur (hachures fines) à la notochorde est appelé mésoderme préchordal.*
(D'après T. Doniach, « Basic FGF as an inducer of anteroposterior neural pattern », Cell, *vol. 83, 1995, p. 1067-1070.)*

sous l'influence des concentrations croissantes du ou des morphogènes présents dans la zone la plus postérieure, avec postériorisation maximale au niveau de la source.

On retrouve donc là une logique similaire à celle exposée précédemment pour la régionalisation antéro-postérieure de l'aile de drosophile ou dorso-ventrale du tube nerveux de poulet. Il est notable que réapparaît également ici cette idée que l'avant vient très vite et que l'arrière est spécifié avec le temps, au fur à mesure que les différents domaines sont générés par bourgeonnement. Que cette spécification ait un lien avec l'activation successive des différents gènes du complexe Hox est probable, mais qu'un facteur comme le FGF-2, dont l'action sur la prolifération cellulaire est connue, entre ici en jeu, suggère une fois encore ce lien que, dans la chapitre IV, nous avons tracé [6] entre division cellulaire et activation des différents gènes des complexes Hox, donc acquisition d'une information de position.

Mais revenons à l'inducteur ou plutôt aux inducteurs dont la recherche est à l'ordre du jour depuis l'expérience princeps de 1924. Pendant une longue période, marquée par l'utilisation du triton et de la salamandre comme modèles expérimentaux, il était apparu que l'induction manquait extraordinairement de spécificité et que l'ectoderme avait une étrange tendance à former spontanément du tissu nerveux en présence d'inducteurs non spécifiques, comme la poudre de kaolin. Ces expériences décourageantes ont conduit nombre d'embryologistes expérimentaux à abandonner l'examen de cette question. Ce n'est que plus récemment, avec l'utilisation d'autres modèles, le xénope en particulier, et le développement de la biologie moléculaire, que la question a pu être réabordée, avec un certain succès.

Sans entrer dans les détails, les stratégies principales ont été soit de bloquer l'action des inducteurs présomptifs, soit de rechercher des molécules exprimées spécifiquement dans la lèvre dorsale du blastopore à la période de l'induction neurale. Ces deux stratégies ont conduit à braquer, pour l'instant, les projecteurs sur deux molécules : NOGGIN et la FOLLISTATINE. NOGGIN est une protéine qui ne présente de similarités de structure avec aucune autre molécule connue à ce jour. Elle est exprimée dans la lèvre dorsale du blastopore au stade approprié et induit la neu-

6. En faisant nôtres les propositions de Denis Duboule.

ralisation *in vivo* et *in vitro* de l'ectoderme dorsal. On peut donc dire que cette molécule présente toutes les propriétés attendues pour un inducteur neural. Cette molécule a été clonée chez la souris et des souris délétées de ce gène – on parle de knock-out génétique – ont été préparées. Contrairement aux attentes, ces souris se développent, si j'ose dire, comme vous et moi, avec un système nerveux tout à fait présentable [7]. Cette absence d'effet – on parle de phénotype normal – même après délétion du gène, interdit de dire que NOGGIN est l'inducteur neural, mais ne permet pas de conclure qu'il n'est pas un inducteur neural.

En effet, il arrive souvent, en particulier chez les vertébrés, que des molécules différentes puissent avoir une fonction identique – on dit qu'il y a redondance génique – ou qu'en l'absence d'une molécule essentielle, l'embryon se débrouille pour mettre en œuvre d'autres stratégies qui, normalement, seraient restées silencieuses, mais qui, face à une situation de crise, sont venues à son secours. C'est le meilleur contenu que l'on puisse donner au concept de régulation et nous connaissons aujourd'hui beaucoup d'exemples de molécules que l'on pensait incontournables pour le développement et dont la délétion au niveau génique n'empêche pas un développement harmonieux des organismes ; le principe de la roue de secours évoqué plus haut prend, ici encore, tout son sens.

La découverte des propriétés inductrices d'une autre molécule, la FOLLISTATINE, est riche d'enseignement. Pour mieux saisir l'intérêt de cette molécule, il me faut revenir en arrière, c'est-à-dire à la formation de l'équateur mésodermique. En effet, comme je l'ai déjà

7. Il s'agit d'un phénotype en apparence normal, ce qui compte étant la présence de tissu nerveux. Bien entendu, on ne peut exclure des déficiences qui auraient échappé à l'observateur en raison de la grossièreté de ses moyens d'analyse. Comme dit Lewis Wolpert : « Take the mouse to the concert. »

signalé, deux inducteurs mésodermiques potentiels sécrétés par le pôle végétal de la blastula sont le FGF-2 et une molécule, dite ACTIVINE, appartenant à la famille des TGFs. Ces molécules agissent en se fixant sur des récepteurs qu'il est possible d'inhiber spécifiquement au cours du développement précoce, procédé conduisant à la formation d'embryons totalement dépourvus de mésoderme. Ces embryons ne se développent pas, mais peuvent être mis en culture, ce qui permet de suivre le devenir de l'ectoderme. Ces expériences devaient logiquement conduire, puisque le mésoderme induit le tissu nerveux, à l'absence de cellules neurales. Or, contrairement à toute attente, on observa une augmentation spectaculaire du nombre de neurones !

La recherche s'est donc orientée vers l'idée que l'ACTIVINE mésodermique empêcherait, inhiberait, jusqu'à un certain stade du développement, la formation du tissu nerveux et que, passé ce stade, un nouveau dérivé mésodermique viendrait inhiber cette inhibition, c'est-à-dire permettre l'induction neurale. La formation du système nerveux nécessiterait donc une inhibition de l'action de l'ACTIVINE. De telles molécules inhibitrices, appelées FOLLISTATINES, existent. On connaît leur implication dans l'inhibition de l'action des ACTIVINES sur la stimulation du follicule de Graaf [8]. C'est ainsi qu'une activité FOLLISTATINE a été recherchée et trouvée dans la lèvre dorsale du blastopore au stade approprié, justifiant qu'on lui prête un rôle physiologique dans l'induction neurale.

Cette découverte, qui fait de la FOLLISTATINE un inducteur neural potentiel, est particulièrement intéressante parce qu'elle suggère un mécanisme original

8. La FOLLISTATINE a été, à l'origine, isolée du fluide ovarien. Elle inhibe, par fixation sur une activine, la sécrétion d'une hormone hypophysaire (la FSH).

d'induction. La formation du système nerveux, à son origine, ne résulterait pas seulement d'une information positive, mais impliquerait la levée d'une inhibition. Dans ce modèle, l'ectoderme dorsal aurait une capacité spontanée à faire du tissu nerveux qui serait soumise à une inhibition par des molécules mésodermiques de la famille des ACTIVINES [9] jusqu'à ce que la FOLLISTATINE vienne lever cette inhibition. Le système nerveux se formerait donc « par défaut », spontanément, à partir de l'ectoderme dorsal. Il reste maintenant à comprendre les interactions entre les acteurs positifs (comme NOGGIN) et les acteurs négatifs (comme la FOLLISTATINE).

Deux commentaires peuvent être faits à propos de la FOLLISTATINE. Le premier concerne les expériences menées sur le triton et la salamandre. Elles suggéraient que l'ectoderme avait une tendance spontanée à former du tissu nerveux, y compris sous l'action d'inducteurs non physiologiques. On remarquera ici l'importance, en biologie, du modèle expérimental choisi. Mais on pourra se demander également si la conviction que le système nerveux est plus important que le reste du corps et, par conséquent, demande plus d'information, plus de facteurs, etc., n'a pas conduit les chercheurs à refuser d'entendre ce que les salamandres voulaient leur dire par leurs neurulations intempestives : la formation du système nerveux est spontanée ; elle ne demande pas plus, mais moins d'information.

Le deuxième commentaire souligne, une fois encore, la similarité entre les vertébrés et les insectes en ce qui concerne le côté « par défaut » du développement neural. En effet, le développement du système

9. Je reste ici prudent, car s'il semble assuré qu'il s'agit d'un membre de cette famille qui est aussi celle du TGF-ß ou des BMPs, il serait aventureux de dire lequel.

nerveux chez la drosophile implique, à partir de la couche des cellules ectodermiques, trois étapes essentielles *(figure 22)*. La première étape est l'acquisition de la compétence neurale, conduisant un groupe de cellules ectodermiques à former des cellules proneurales toutes équivalentes. Le deuxième stade consiste en la détermination de la cellule qui, au sein de ce premier groupe, va effectivement devenir un précurseur neural. En fait, la grande majorité des mutants de développement qui affectent, à ce stade, la formation du tissu nerveux, conduit à des phénotypes hyperneuraux *(big brain, mastermind)* que je traduirai par « gros cerveau » ou « esprit fort », termes suggestifs de ces phénotypes particuliers. Il a donc été proposé que la transformation en neurones des cellules proneurales est un phénomène par défaut et que pour qu'une seule cellule du groupe devienne précurseur neural, il faut qu'elle inhibe la différenciation dans le sens neural des cellules qui l'entourent, et qui, de ce fait, resteront épidermiques. Le précurseur est alors internalisé et la différenciation commence qui, à partir d'une cellule mère par groupe, va donner naissance aux différentes cellules neuronales et non neuronales et aux différents types de neurones. Il se trouve donc qu'il y a là, comme dans d'autres étapes du développement, nous l'avons vu et nous le verrons encore, une analogie instructive entre la drosophile et les vertébrés.

Pour terminer, enregistrons les progrès considérables accomplis ces dernières années, mais soulignons, plus modestement, que soixante-dix ans après la découverte du phénomène d'induction neuronale, nous ne pouvons pas encore, avec certitude, nommer les inducteurs. Par contre, nous avons fortement progressé dans la façon de poser la question et nos amis les invertébrés n'y sont pas pour rien.

Nous verrons, en effet, qu'à travers une meilleure

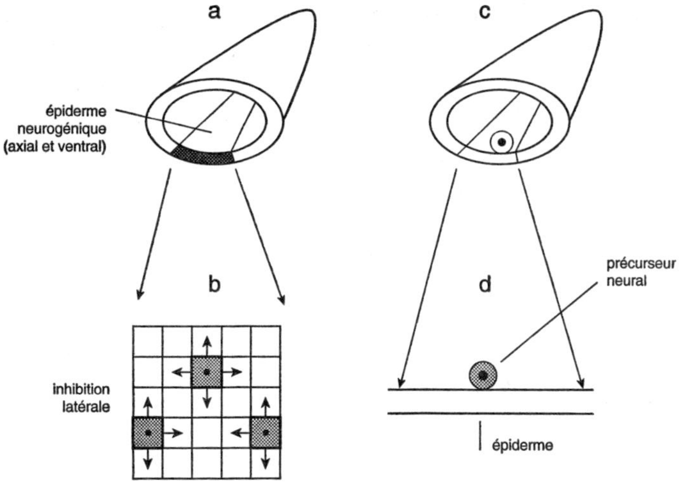

FIGURE 22 – *Schéma de la formation de cellules nerveuses chez la drosophile. L'ectoderme ventral (et non dorsal comme chez les vertébrés) est composé de cellules qui ont, comme chez les vertébrés, la potentialité de former soit du tissu nerveux, soit de l'épiderme* ***(a)****. Une cellule de ce tissu ectodermique devient neurale la première et inhibe la différenciation dans le sens neural de celles qui l'entourent* ***(b)****. Ces cellules inhibées formeront l'épiderme et les cellules neurales seront internalisées* ***(c*** *et* ***d)****.*
Deux commentaires : d'abord, les gènes neurogéniques ont été isolés et ont des homologues chez les vertébrés ; ensuite, les cellules neurales sont internalisées une à une et formeront des ganglions, alors que chez les vertébrés c'est la plaque qui est internalisée pour former un tube.

compréhension des principes d'induction et de morphogénèse qui semblent universels, l'identification de grandes familles de molécules, comme les BMPs et les FGFs, leurs récepteurs, leurs signaux de transduction ou encore comme les gènes de développement, a permis d'autres avancées sur des questions non sans rapports, au moins conceptuels, avec l'induction neurale.

Chapitre VIII

LA BALADE DES NEURONES

La zone de prolifération principale dans le cortex cérébral, pris ici comme exemple, est la zone ventriculaire, bordant les ventricules cérébraux. Après la fermeture du tube neural, les cellules s'y divisent puis la quittent – on dit qu'elles migrent –, contribuant ainsi à l'épaississement du cortex alors extrêmement fin. Les précurseurs de la zone ventriculaire vont donc fournir, à quelques exceptions près, l'ensemble des neurones et macroglies – astrocytes et oligodendrocytes – du système nerveux central adulte. Cela suppose donc une intense activité proliférative qui, chez la souris, prend place entre les jours 10 et 18 de la gestation (qui en compte 20), période au cours de laquelle est produite la presque totalité des cellules [1]. Il existe cependant des régions où la prolifération est plus tardive, comme le cervelet, voire maintenue chez l'adulte dans certaines structures, comme le bulbe olfactif qui reçoit les

1. Chez l'homme, on estime le nombre de neurones à cent milliards et le nombre de macroglies à dix fois plus. Il semble que chaque neurone établit de l'ordre de dix mille contacts synaptiques. Pour donner une idée plus frappante, environ cinq contacts synaptiques séparent deux neurones pris au hasard parmi les cent milliards.

informations depuis l'épithélium nasal, ou certaines zones de l'hippocampe, structure cérébrale fortement impliquée dans les phénomènes de mémorisation [2].

Les cellules neuronales étant générées au niveau des ventricules, la question se pose de leur migration dans la profondeur du tissu cérébral (on parle de parenchyme). Des expériences faites au début des années soixante-dix sur le cervelet et sur le cortex indiquaient un certain nombre de faits fondamentaux. Le premier est que les cellules nerveuses cessent de proliférer avant de migrer et que la migration est principalement radiale. Cette migration radiale est liée à l'appui que les cellules en migration prennent sur les glies radiaires, en fait des astrocytes, qui étendent un prolongement à travers toute l'épaisseur du parenchyme en développement *(figure 23)*. Un deuxième point fondamental est que les cellules des couches les plus superficielles – par exemple les couches II/III – sont générées en dernier. Cela suppose que les vagues successives de cellules générées au niveau de l'épithélium germinatif passent par-dessus les cellules déjà en place et amenées par les vagues précédentes. C'est ce qu'on appelle la construction en *inside out*.

Pour ce qui est de la migration, le premier problème posé est celui du mécanisme. La migration suppose, en effet, un moteur et une direction. Le moteur de la migration cellulaire n'est probablement pas différent pour les neurones et pour tout autre type cellulaire amené à se déplacer à l'intérieur de l'organisme ou

2. L'absence de cellules souches pouvant donner naissance à de nouveaux neurones chez l'adulte est un dogme bien établi, mais faux. Les premières indications d'un renouvellement possible sont venues de l'étude des centres cérébraux du chant chez le canari. Ces centres perdus chaque automne sont régénérés à chaque saison des amours. Depuis, le concept a été étendu aux autres régions du système nerveux et aux mammifères. Il reste à comprendre l'importance physiologique des précurseurs et la part qu'ils pourraient prendre au renouvellement du tissu cérébral.

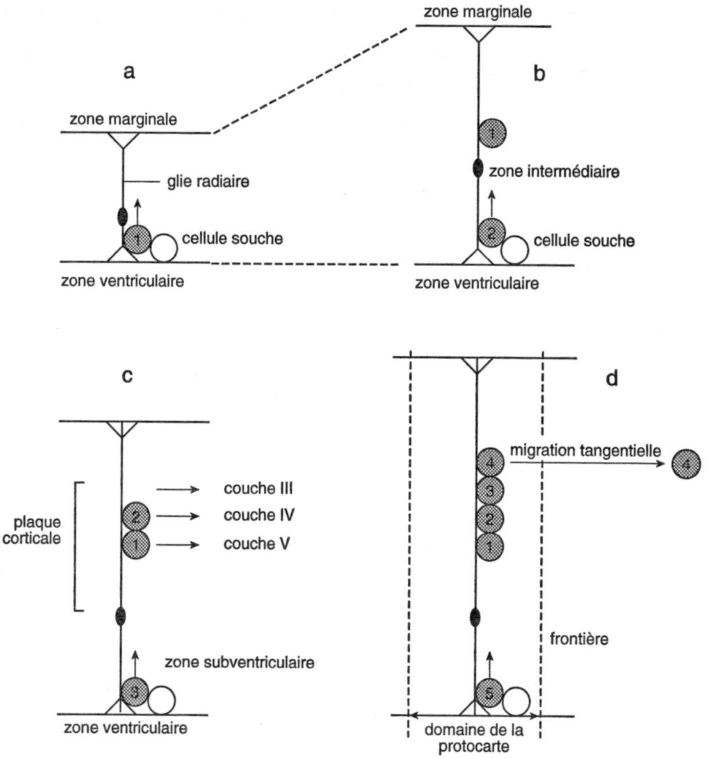

FIGURE 23 (a, b, c) – *Schématisation de trois étapes de la formation du cortex. Les cellules générées dans la zone ventriculaire passent dans la zone subventriculaire qu'elles quittent par ascension verticale le long des glies radiaires qui s'étendent de la zone ventriculaire à la zone marginale. Elles traversent la zone intermédiaire pour s'arrêter au niveau approprié de la plaque corticale (le futur cortex). Les dernières cellules générées passent par-dessus les premières.*
(d) – *La cellule 4 décide de prendre la tangente. Elle traverse une zone frontière de la protocarte. Que deviendra-t-elle ?*

pour les cônes de croissance, ces extrémités des axones qui naviguent à la recherche de leurs cibles. Dans le cas de la migration des cellules des grains du cervelet (cortex cérébelleux) – mais il en est de même pour le cortex cérébral – la direction principale est donnée par le rail de la glie radiaire. Il reste que le signal d'arrêt dans une couche particulière est encore mystérieux. On peut concevoir cependant qu'il s'agit d'un problème de positionnement, c'est-à-dire de l'existence d'un mécanisme de lecture correcte d'informations de position présentes dans l'espace tridimensionnel du cortex. Problématique que nous avons rencontrée à plusieurs reprises depuis le début de cet essai.

Un modèle intéressant repose sur des différences chronologiques, c'est-à-dire sur le temps passé par les cellules dans la zone de prolifération, zone ventriculaire donc. Pour étudier ce point, le furet est un animal de choix, du fait de sa maturation tardive : sa gestation dure quarante jours, deux fois plus que celle de la souris ou du rat. On peut injecter dans le ventricule d'animaux nouveau-nés (P0) des cellules marquées et générées dans un autre animal au trente et unième jour de sa gestation. Ces cellules générées tôt – rappelons que les neurones cessent de proliférer quand ils commencent leur migration ascensionnelle – contribuent normalement à la formation des couches V et VI du cortex alors que les cellules générées à P0 contribuent à la formation des couches II et III. Dans une telle expérience, on constate que les cellules injectées migrent exclusivement dans la zone V/VI correspondant à leur date de naissance. Cette expérience indique que cette date de naissance spécifie la couche corticale des cellules et, de ce fait, leur forme et leur système de connexions.

Ainsi, la date de naissance détermine la localisation terminale et donc le destin de ces cellules en tant qu'elles participent à la formation d'une couche particulière du cortex. Cette observation, pour le lecteur attentif, n'est pas sans similitudes avec l'influence du temps passé dans la zone de prolifération sur le destin des cellules qui participent à la formation des membres. En effet, on s'en souvient [3], la participation à la construction de différents domaines des membres est également dictée pour les cellules par le temps passé dans la zone dite de progression. Il est tentant en ce sens de considérer la zone ventriculaire comme une zone de progression, étant entendu que dans le cas présent c'est le cortex qui progresse, mais, et sans jeu de mots, la distinction est là toute relative. En poussant plus loin le raisonnement analogique, on peut proposer, en première instance, que les facteurs qui règlent la localisation sont des protéines de la famille des facteurs transcriptionnels doués d'information de position (on en connaît maintenant de nombreuses) dont celles, mais pas seulement, de la famille des homéoprotéines.

Pour revenir au sens de la migration, son caractère radiaire est très important dans la mesure où il est raisonnable de penser qu'il impose que la plupart des cellules nées dans une région de l'épithélium restent après migration dans un même territoire. Le concept qui ressort de cette appartenance est celui de *protomap*, que je traduirai ici par protocarte cérébrale. Selon ce concept, les cartes cérébrales futures, c'est-à-dire les aires cérébrales et les sous-territoires de ces mêmes aires dont les franches délimitations sont bien illustrées dans la cartographie de Brodman (voir *figure 18*), pourraient être déjà partiellement déterminées avant même la migration des cellules et la formation des différentes couches, avant donc que les afférences, en particulier sensorielles et en provenance du thalamus, et les efférences motrices ou encore les connexions cortico-corticales, aient été mises en place.

Dans cette dernière hypothèse, l'information génétique qui régionalise le tube nerveux selon l'axe

---

3. Voir chapitre IV.

antéro-postérieur au stade de la plaque neurale ou, peu après, pendant la fermeture du tube et la formation des premières vésicules antérieures, prend une importance déterminante dans la définition des territoires cérébraux. C'est l'image du cerveau drosophile, qui prend son origine dans la segmentation de la moelle épinière et la compartimentation du cerveau et le rôle joué dans ces processus par des gènes de développement homologues de gènes exprimés dans le système nerveux des insectes. Je laisse cette discussion à plus tard, mais je veux, dès à présent, souligner l'existence de différentes écoles. Certains voudraient que la plasticité soit totale et que le destin morphologique et fonctionnel des colonnes radiaires et au-delà des différents territoires cérébraux soit dicté uniquement par les afférences sensorielles puis thalamiques, donc par l'environnement. D'autres plaident pour un déterminisme génétique strict. En fait, la probabilité la plus grande est qu'il existe un déterminisme génétique, une sorte de protocarte, mais que jusqu'à une certaine période du développement cette carte puisse être remaniée en réponse à des modifications de l'innervation, en particulier celles qui viennent du thalamus et qui apportent au cortex les informations d'ordre sensoriel.

On comprendra dans ce contexte que la migration non plus radiaire, mais tangentielle, ait pu prendre une certaine importance. Or les techniques de marquage des cellules au niveau de la zone de prolifération [4] ont attiré l'attention sur ces migrations qui,

4. Le marquage de progéniteur est d'une importance considérable en biologie du développement. K. Vogt (1817-1895) s'était rendu célèbre en appliquant des colorants en différents points de la surface de l'œuf pour suivre le destin des territoires ainsi marqués. Ces dernières années, N. Le Douarin et ses collègues ont utilisé les différences entre la chromatine des noyaux de caille et de poulet pour tracer la carte complète du développement des

contrairement à ce que l'on pensait à l'origine, même si elles restent minoritaires, sont très loin d'être négligeables, y compris dans une structure comme le cervelet, donnée comme exemple typique de migration radiaire. En effet, il a été observé que des cellules peuvent migrer le long des fibres radiaires, atteindre une couche corticale, puis se détacher de leur guide et, au lieu de rester tranquillement à leur place, redémarrer et partir dans une direction parallèle à la courbure des vésicules, ou encore, tangentielle, ce qui peut les amener à ne pas respecter les frontières tracées par la protocarte, à changer de territoire. Ce phénomène est schématisé dans la *figure 23*. Si tel est le cas, il est nécessaire que ces cellules déplacées s'insèrent harmonieusement dans leur nouvel environnement et en adoptent le destin. Supposons, par exemple, qu'une cellule passe d'un territoire auditif à un territoire visuel sans changer sa spécification, c'est-à-dire en restant auditive, donc en établissant des connexions avec le système auditif. Voilà qui ferait désordre dans la physiologie de l'animal capable, pour ainsi dire, de voir avec les oreilles. Il est donc probable que même après migration tangentielle, ces cellules acquièrent une nouvelle identité, probablement en modifiant leur propre combinatoire de protéines nucléaires porteuses d'information de position.

Cette hypothèse peut être testée, et l'a été, en faisant des transplantations du cortex visuel vers le cortex moteur et réciproquement *(figure 24)*. Ces expériences démontrent que le futur cortex visuel acquiert toutes les caractéristiques motrices – la réciproque est vraie – mais que cette plasticité n'est permise que dans les

systèmes nerveux et immunitaires. Chez la souris, c'est l'utilisation de vecteurs viraux qui permet d'introduire dans le génome d'un progéniteur un marqueur génétique stable qu'on pourra suivre chez tous ses descendants.

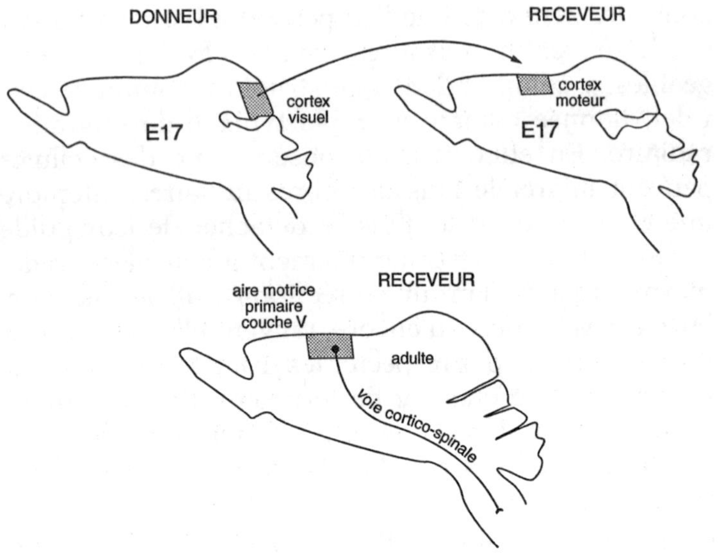

FIGURE 24 – *Le cortex visuel déplacé dans une zone de cortex moteur se transforme en cortex moteur. Il faut pour cela que l'opération ait lieu tôt, avant l'arrivée des fibres thalamiques (voir plus loin, figures 32 à 34). La transformation en tissu moteur est démontrée par les projections des neurones de la couche* V *(voir plus haut, figure 18) vers la moelle épinière (voie cortico-spinale).*
(D'après D. D. M. O'Leary, « Do cortical areas emerge from a protocortex ? », Trends in Neurosciences, *vol. 12, 1989, p. 400-406.)*

périodes précoces du développement, en fait jusqu'à une période où les différentes zones du cortex sont innervées par les afférences thalamiques et sont mises de ce fait en contact avec l'information sensorielle. L'ensemble de ces expériences suggère bien l'existence d'une compartimentation très précoce, mais suffisamment labile pour pouvoir donner lieu à des modifications, soit après transplantation des territoires, comme on vient de le voir, soit, et de façon plus physiologique, du fait de l'expérience sensorielle.

Cette existence d'un déterminisme modulable n'est pas sans rappeler ce qui se produit au niveau de l'induction neurale. En effet, bien avant l'induction, il y a déjà un ectoderme dorsal et un ectoderme ventral ; ces deux régions sont distinctes, celui-là étant à l'origine du système nerveux, pouvant même en donner spontanément, et celui-ci se différenciant essentiellement en épiderme. Ce destin neural qui s'affirme « par défaut » est confirmé et amplifié par l'induction mésodermique. Il reste que ces destins sont temporairement labiles, comme le montre l'expérience princeps de Mangold et Spemann. Que l'on mette du tissu inducteur au contact de l'ectoderme ventral et ce qui aurait dû devenir peau deviendra cerveau. Cet ectoderme dorsal, le futur système nerveux, est très précocement régionalisé comme le démontre l'expression des gènes de développement, mais cette régionalisation est modulable par des agents extérieurs, ainsi que suggéré par l'action du FGF-2 sur la postériorisation de la plaque neurale. Une fois le tube fermé, sa première compartimentation rendue visible par l'apparition des différents ventricules est également sous contrôle de gènes de développement, mais nous verrons dans le chapitre XI que, là encore, il y a place pour du remodelage. Enfin, je viens de suggérer que le destin cartographique du cerveau est lui aussi déterminé génétiquement, mais qu'avant l'arrivée des fibres thalamiques, qui jouent là un rôle similaire à celui joué par le mésoderme dans l'induction neurale, une adaptation reste possible.

La leçon, toute provisoire, à tirer de ces derniers chapitres semble donc que, sur fond de déterminisme génétique, il y a place pendant une période strictement définie dans le temps pour de l'adaptation et de la régulation, voire pour la respécification des destins.

Chapitre IX

À LA RECHERCHE DE L'ÂME SŒUR

La formation de circuits neuronaux physiologiquement normaux implique deux mécanismes : l'un de croissance dirigée – de guidage – et l'autre de reconnaissance des cibles, concevable en termes d'arrêt de croissance des fibres nerveuses. Avant de décrire quelques exemples de mécanismes impliqués dans ce guidage, il est nécessaire de préciser que les cellules, en général, et les neurones, en particulier, ne sont pas des sacs dans lesquels les organelles – noyaux, mitochondries – ou les différentes molécules sont empaquetées sans ordre. Il existe, en effet, ce qu'on appelle une compartimentation cellulaire marquée spectaculairement par la polarité cellulaire. Chez les neurones, cette polarité s'exprime par la présence de deux types de prolongements, les axones et les dendrites *(figure 25)*. Les dendrites se développent en règle générale au voisinage du corps cellulaire et reçoivent de nombreuses afférences. Elles ont une fonction intégratrice, au niveau d'une cellule, d'un grand ensemble d'informations afférentes. L'axone est, également en règle générale, capable de voyager loin, voire très loin, du corps cellulaire. Il est admis qu'il transmet l'information, les influx nerveux, surtout de façon centrifuge. Il s'agit là d'une description de la polarité phy-

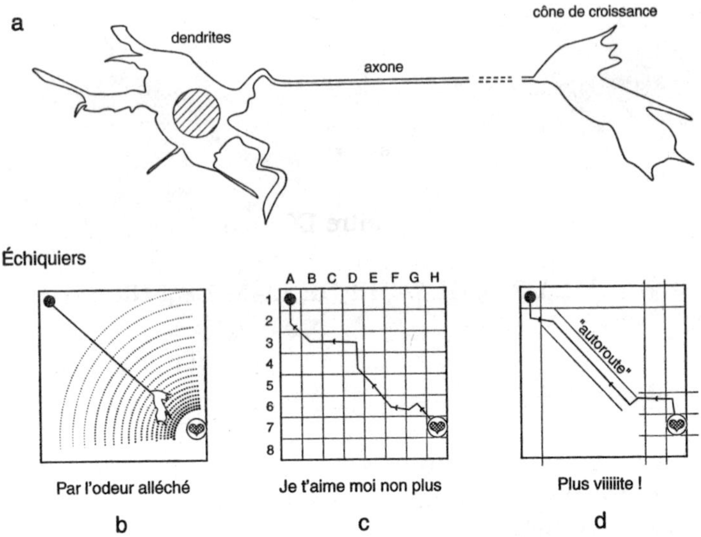

FIGURE 25 (a) – *Schéma des trois compartiments neuronaux, axone et cône de croissance, corps cellulaire et dendrites.*
(b, c, d) – *Stratégie de l'échiquier, le cœur est la cible à atteindre.*

siologique hâtive et même simpliste [1], mais entrer dans les détails n'est pas nécessaire pour ce dont il est ici question. Pour la discussion qui va suivre sur l'élongation et le guidage, nous nous concentrerons sur les axones parce que c'est pour eux que cette fonction physiologique semble, aujourd'hui, la plus importante. Dans ce processus de croissance et surtout de guidage, la structure fondamentale s'appelle le cône de croissance (voir *figure 25*). Véritable tête chercheuse

1. Cette vision d'un corps cellulaire intégrant toutes les informations fournies par les dendrites, sites d'accueil des synapses, puis transmettant une réponse sous la forme d'un potentiel d'action axonal est plus que simpliste. En effet, les synapses peuvent être non seulement axo-dendritiques, mais aussi dendro-axoniques, l'information pouvant voyager dans les deux sens. Par ailleurs, il existe des possibilités de traitement local de l'information entre terminaisons axonales et dendritiques sans passage « intégratif » par un corps cellulaire.

située à l'extrémité de l'axone, c'est lui qui perçoit et analyse les indices moléculaires présents dans le milieu extracellulaire et qui, en fonction de leur nature et de leur concentration, prend les décisions : s'arrêter, tourner à droite ou à gauche, revenir en arrière ou foncer droit devant. L'ensemble de ces phénomènes est interprétable comme une lecture par les cônes de croissance d'informations de position, ou plutôt d'un échange de telles informations entre le cône et son environnement.

Posons donc le problème de façon théorique. Afin de nous aider, on peut imaginer un organisme à deux dimensions, un échiquier comme ceux de la *figure 25*, sur lequel le cône de croissance doit se déplacer d'un point à un autre. Il existe plusieurs façons de procéder. On peut par exemple concevoir que le point d'arrivée, la cible, sécrète un facteur diffusible, un signal (pensons aux morphogènes des chapitres précédents comme HEDGEHOG ou les BMPs) ; le cône étant capable de lire une concentration croissante et de s'orienter le long de ce gradient, peut ainsi suivre la pente « montante » du gradient et rejoindre sa cible. C'est la stratégie chimiotactique du « par l'odeur alléché ».

Une variante de cette première stratégie serait qu'il existe bien un gradient, mais que ce gradient a un effet non sur le cône, mais sur les cellules qui sont disposées entre le cône et sa cible, les amenant à synthétiser et à exposer à leur surface d'autres molécules pour lesquelles le cône a également une certaine affinité. Dans cette éventualité, le cône saute de cellule en cellule préférant toujours la suivante à la précédente, jusqu'à, dans une fin moins dramatique mais tout aussi morale que celle de Don Juan, tomber – amour, toujours – dans les bras d'Elvire.

La stratégie du morpion est une autre variante proche de la précédente : le cône, tout aussi sauteur, suit des coordonnées spatiales pour atteindre son but. Le problème peut être légèrement simplifié si le cône recherche une autoroute peu éloignée de son point de départ, puis se laisse guider sans réfléchir jusqu'au lieu de sortie où, là encore, mais pour une petite distance, il lui faut se diriger à l'odeur ou au coup par coup. Enfin, il est bon de remarquer que les choix ne sont pas toujours positifs et qu'on peut être repoussé plutôt qu'attiré. Dans ce cas, dès qu'il arrive près d'une zone ou d'une cellule inhibante, le cône perd de sa fierté et collapse de façon lamentable, se contentant alors de se diriger par choix négatifs jusqu'à la rencontre de l'âme sœur, celle qui ne le repousse pas. Tous ces mécanismes existent et nous allons en donner quelques exemples [2].

Pour ce, revenons au tube nerveux en développement et à sa polarité dorso-ventrale, avec en position ventrale les motoneurones et, en position dorsale les neurones dits commissuraux. Il y a évidemment bien d'autres populations neuronales dans cette structure, mais elles ne nous intéressent pas ici. Les neurones commissuraux, dorsaux donc, ont un trajet particulier, déjà remarqué en son temps par Ramón y Cajal. Suivons la *figure 26* : les neurones, ou plutôt leurs cônes de croissance, descendent vers les régions ventrales en suivant étroitement la périphérie du tube neural. Arrivés à mi-hauteur du tube, ils obliquent brutalement pour se diriger droit vers la *floor plate*, qu'ils traverseront, mais c'est là une autre histoire. Ayant observé ce changement soudain de trajectoire, Ramón y Cajal avait proposé l'existence d'une subs-

2. D'une façon ou d'une autre, ces stratégies relèvent de l'hypothèse « clef-serrure » de R.W. Sperry publiée en 1963 dans les *Proceedings of the National Academy of Sciences USA*, vol. 50, p. 703-708.

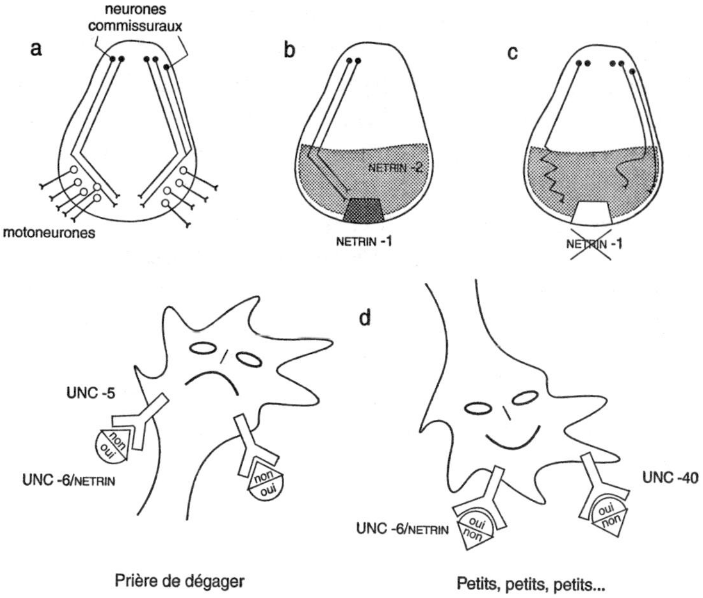

FIGURE 26 (a) – *Coupe de tube nerveux en développement avec position ventrale des motoneurones et position dorsale des neurones commissuraux. Notons que ces derniers suivent les bords du tube et obliquent à mi-hauteur pour se diriger vers la « floor plate ».*
(b) – *Distribution des molécules de* NETRIN-1 *et* NETRIN-2.
(c) – *En absence de* NETRIN-1, *les neurones commissuraux sont désorientés.*
(d) – *Une même molécule – ici* UNC-6/NETRIN-1 –, *en se fixant sur un type de récepteur ou un autre, peut soit repousser, soit attirer un cône de croissance.*

tance diffusible capable de diriger les cônes vers la *floor plate*.

C'est cette hypothèse qui vient d'être vérifiée par le groupe de Tessier-Lavigne à San Francisco. Ces chercheurs ont en effet purifié deux protéines sécrétées, qu'ils ont appelées NETRIN-1 et NETRIN-2, de structures très proches et synthétisées, pour la première, par les cellules de la « floor plate » et pour la deuxième par les cellules de la région ventrale, conduisant, par cette superposition, à la formation d'un gradient croissant de ces facteurs depuis la zone où les cônes changent de direction jusqu'à la « floor plate ». Plus récemment, une autre équipe a fabriqué une souris sans NETRIN-1 et il a été observé que, dans cette souris, les neurones commissuraux se perdent en route. Ils sont devenus incapables de se diriger correctement, confirmant ainsi que le gradient est responsable, y compris dans l'animal intact, du guidage des fibres commissurales.

Le clonage des gènes a également permis de faire des comparaisons avec d'autres espèces et de noter une forte homologie entre les NETRINs et un facteur présent chez le nématode, appelé UNC-6 [3]. Ce facteur est indispensable à la migration dorso-ventrale des cônes de croissance de neurones qui courent le long de la paroi interne du corps de cet invertébré ainsi qu'à la migration, dans la même direction, de cellules du mésoderme [4]. Mais, toujours chez le nématode, ce même facteur est également responsable, par un effet repoussoir, de la fuite vers les régions dorsales de cônes de croissance d'origine ventrale. D'où l'hypothèse d'un rôle semblable des NETRINs pour des neurones qui ne seraient pas attirés, mais au contraire repoussés, par la *floor plate*. Or il existe une classe de motoneurones, les motoneurones trochléaires selon la

---

3. Le nématode ayant un petit génome, il existe de nombreux mutants (générés expérimentalement) caractérisés par leur comportement. Les mutants montrant des problèmes moteurs sont dits non coordonnés, en anglais *uncoordinated*, d'où l'abréviation *UNC*. Chaque mutant porte un numéro *UNC-1*, *UNC-2*, etc. Ces gènes de nématode impliqués dans le contrôle des activités motrices ont souvent des correspondants chez les mammifères. C'est un autre exemple de l'utilité des modèles simples même pour des recherches aussi médicalement orientées que celles qui visent à comprendre l'origine des désordres neuromusculaires.

4. Le nématode est un organisme triploblastique, donc avec mésoderme, endoderme et ectoderme. Mais son mésoderme est diffus et non métamérisé, c'est donc un acœlomate. Notons ici que cônes et cellules répondent au même facteur UNC-6 et que leurs mécanismes de migration sont sans doute très proches.

terminologie anglo-saxonne (en français le nerf pathétique !), qui, chez les vertébrés, innervent un muscle oculaire et ont un patron de développement qui les amène à fuir la zone ventrale pour naviguer en direction des domaines dorsaux. Utilisant ce modèle il a été démontré que ce comportement de « fuite » des cônes pathétiques est effectivement dû à un effet répulsif des NETRINs.

Cette similarité entre invertébrés et vertébrés est désormais sans surprise. Dans le cas présent, elle ouvre une voie vers l'identification de molécules qui, à la surface des cônes de croissance, pourraient permettre deux réponses différentes : attraction ou fuite. En effet, chez le nématode, les neurones qui fuient expriment le récepteur UNC-40 et ceux qui sont attirés le récepteur UNC-5, tous deux ayant été caractérisés à la suite de mutations conduisant à un comportement moteur aberrant. Ainsi UNC-6/NETRIN pourrait se trouver être une molécule « Janus » qui, selon le récepteur sur lequel elle se fixerait, provoquerait l'attraction ou la répulsion (voir *figure 26*). Gageons que par le jeu des ressemblances, disons, même si cela est plus risqué, des homologies, les équivalents moléculaires de UNC-5 et UNC-40 seront vite identifiés chez les vertébrés, ce qui nous permettra de mieux comprendre la façon dont, grâce à des récepteurs distincts, on peut dire oui ou non à la même molécule.

Il n'est pas nécessaire, si on veut en rester au niveau des principes, de décliner ici toutes les molécules ayant un effet attractif ou répulsif sur la croissance des cônes et la migration des cellules et qui sont retrouvés chez pratiquement tous les métazoaires [5]. Je soulignerai

---

5. Une classe de ces molécules est la classe des sémaphorines. Elles ont été découvertes chez le criquet, la drosophile, le poulet et l'homme. On pourrait multiplier les exemples de ce type. Le lecteur intéressé peut lire l'article de M. Tessier-Lavigne : « Axon

cependant que ces questions peuvent se révéler d'une importance non négligeable, à terme, pour des application cliniques face à des situations dans lesquelles il peut être opportun de réguler la migration. C'est le cas de la migration des cellules tumorales – métastases – qui amène ces éléments proliférants à envahir, à partir d'un foyer originaire, une grande diversité de tissus ; c'est le cas également, mais dans le sens inverse, des régénérations axonales après section accidentelle des nerfs. En effet, après une telle section les fibres du système nerveux central, dont celles de la moelle épinière, ne perdent pas leur capacité à régénérer, mais sont inhibées dans leur croissance par un grand nombre de facteurs protéiques présents chez l'adulte et synthétisés, le plus souvent, par les astrocytes ou les oligodendrocytes et cellules microgliales.

Laissons donc ce point pour nous intéresser maintenant à la reconnaissance des territoires cibles, c'est-à-dire à la capacité qu'ont les cônes de croissance, en fonction de leur origine géographique, d'innerver tel ou tel domaine du système nerveux en développement. Pour cela, et à titre d'exemple, il me faut introduire ici le système rétino-tectal.

L'image d'un objet du champ visuel est d'abord transmise, comme dans une caméra, au niveau des cellules de la rétine. Cette information spatiale est ensuite transportée vers le cortex où sa forme et son sens seront analysés au niveau des différentes aires visuelles. Cette translocation de l'image au niveau cortical ne se fait pas directement. Les axones des neurones rétiniens, qu'on appelle aussi cellules ganglionnaires, migrent dans le nerf optique vers une région ventrale et médiane qu'on appelle le chiasma optique.

Chez les mammifères, un contingent de ces fibres

---

guidance by diffusible repellents and attractants », *Current Opinion in Genetics and Development*, vol. 4, 1994, p. 596-601.

du nerf optique traverse la ligne médiane pour rejoindre la région contralatérale du cerveau quand un autre ne croise pas, et s'en va innerver les domaines ipsilatéraux. Ce système permet une comparaison entre les images qui, venues d'un même objet, sont perçues par les deux rétines. Cette décision de croiser ou de ne pas croiser pour un axone dépend de la position de son corps cellulaire dans la rétine. C'est un autre exemple typique de choix décisionnel pris par un cône de croissance au cours de sa migration [6].

Chez les oiseaux, les yeux étant de part et d'autre de la tête, la vision n'est pas binoculaire au sens où les deux yeux n'embrassent pas le même champ visuel au même moment [7], ce qui rend cette comparaison œil droit-œil gauche moins utile. De fait, toutes les fibres croisent la ligne médiane au niveau du chiasma pour s'engager dans le tractus optique contralatéral. Elles vont alors aller innerver deux structures différentes, le toit optique chez les oiseaux (le colliculus supérieur chez les mammifères) et le thalamus. À ces niveaux, les neurones établissent un contact avec d'autres fibres qui, elles, vont aller naviguer vers les centres corticaux où la nature et la signification de l'image seront analysées.

Restons pour illustrer le problème au seul cas du poulet et de son toit optique ou encore tectum *(figure 27)*. L'avantage de ces deux structures, rétine et tectum, est qu'elles sont pour ainsi dire planes et nous ramènent au cas d'un espace bidimensionnel. Il est important, pour que l'image arrive intacte dans les centres supérieurs, que sa topologie soit conservée tout au long des différents trajets et relais. C'est ce qu'on

---

6. Similaire à celui des axones commissuraux qui, rappelons-le, traversent la « floor-plate ». Je ne développerai pas ce problème dont les données moléculaires sont encore floues.

7. C'est cette façon de vous regarder d'un seul œil qui donne au merle son air moqueur.

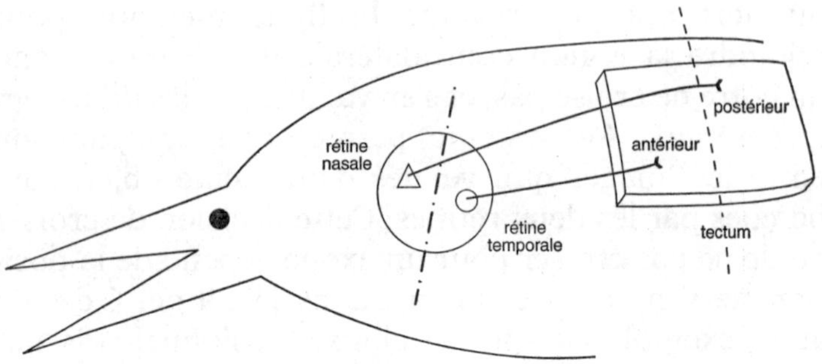

FIGURE 27 – *Schéma du système rétino-tectal de l'oiseau. Les neurones de la rétine transportent l'information visuelle vers le tectum. Les neurones près du bec (nasaux) projettent dans les régions postérieures du tectum. À l'inverse, les neurones temporaux (loin du bec) projettent sur les régions antérieures de ce même tectum. Notons que, nasal ou temporal, il faut passer sur les zones antérieures.*

appelle la rétinotopie. Pour simplifier encore, divisons la rétine en deux domaines larges : un domaine proche du bec, le domaine nasal, et un domaine proche de la tempe ou temporal. Si on regarde la distribution dans le tectum des fibres issues de ces deux domaines rétiniens, on observe que les axones de la région nasale envahissent la région postérieure du tectum et celles de la région temporale ses domaines antérieurs.

À partir de l'hypothèse, dérivée de celle de Sperry [8], de l'existence, à la surface des régions antérieures et postérieures du tectum, de molécules qui seraient reconnues comme des informations positionnelles par les axones en provenance des domaines temporal et nasal rétiniens, l'équipe de Bonhoeffer, à Tübingen, a développé un test devenu célèbre sous le nom de « stripe assay » que je traduirai par test des bandes. Dans ce test, décrit dans la *figure 28*, les axones ganglionnaires des régions nasale et temporale sont confrontés, en culture, à des bandes alternées de

8. Voir note 2 du présent chapitre.

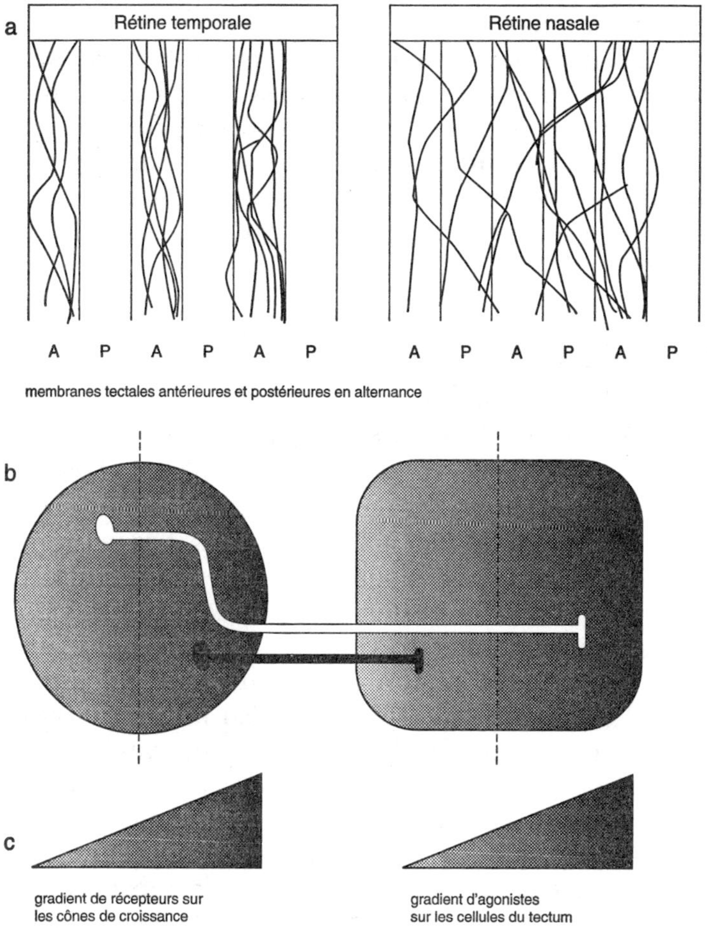

FIGURE 28 (a) – *Les axones de la rétine temporale évitent les membranes postérieures, alors que les axones des régions nasales sont sans préférence notable (elles ont en fait une légère préférence pour les zones postérieures, non mesurable dans ce test).*
(b et c) – *Le comportement d'évitement mis en évidence en* ***(a)*** *est dû au gradient antéro-postérieur (tectum) et nasal-temporal (rétine) d'un ligand et de son récepteur dont l'interaction produit un arrêt du cône de croissance.*
(D'après W. A. Harris, C. E. Holt, « From Tags to RAGS *: chemoaffinity finally has receptors and ligands »,* Neuron, *vol. 15, 1995, p. 241-244.)*

membranes dérivées des régions antérieures ou postérieures du tectum. Il a ainsi pu être mis en évidence que les neurones des régions temporales croissent exclusivement sur les membranes antérieures, mais que les neurones des régions nasales se développent également bien sur les membranes antérieures et postérieures. Une analyse plus précise du phénomène a permis de démontrer qu'il ne s'agit pas, en fait, d'un choix positif, mais plutôt d'un évitement, les neurones temporaux ayant « horreur » des membranes dérivées des régions postérieures.

Cette préférence négative est, *a posteriori*, bien compréhensible au regard de la topologie du système. En effet, comme on peut s'en assurer dans la *figure 28*, les neurones de la rétine arrivent d'abord dans les régions antérieures du tectum pour gagner ensuite, éventuellement, les régions postérieures. Les neurones temporaux sont donc bloqués dans une zone frontière qui borde la partie postérieure du tectum, alors que les neurones nasaux traversent la partie antérieure pour atteindre la région postérieure, ce qui est en accord avec leur « indifférence ». En fait, cette indifférence n'est pas absolue et il se pourrait que les régions postérieures soient attractives pour ces neurones nasaux. Une expérience plus récente suggère, par ailleurs, que les neurones temporaux pourraient envahir le tectum postérieur, mais de façon transitoire, avec un collapse local de la région ayant atteint les zones postérieures et un bourgeonnement des régions de l'axone situées dans les zones antérieures. Enfin, une telle distinction entre avant et arrière ne nécessite pas la présence de molécules marquant précisément chaque région ; elle pourrait s'accommoder d'un gradient linéaire antéro-postérieur, les neurones temporaux s'arrêtant une fois rencontrée la concentration appropriée. Ce modèle a été proposé à la suite de l'observation de la progression de fibres nasales et temporales sur un gradient constitué par la dilution progressive de membranes de la région antérieure par des membranes de la région postérieure.

Il reste qu'après des années d'efforts (au bas mot quinze ans), l'équipe de Bonhoeffer a isolé une protéine de surface qui semble responsable de la capacité des neurones temporaux à discriminer entre les régions antérieures et postérieures du tectum (voir *figure 28*). Cette protéine est disposée, comme attendu, à la surface du tectum selon un gradient croissant antéro-postérieur. L'action d'un tel facteur demande qu'il puisse se fixer sur un récepteur lui-même présent sur les cônes [9]. Ce récepteur a également été identifié. Il est transmembranaire et la fixation du ligand sur son domaine extérieur (extracellulaire) transduit un signal dont la première étape est l'addition d'un phosphate sur une tyrosine du domaine cytoplasmique. Ce récepteur est bien exprimé sur les axones des neurones de la rétine suivant un gradient décroissant des régions temporales, celles qui évitent les régions postérieures du tectum vers les régions nasales, celles qui s'y précipitent. De façon intéressante, ce récepteur appartient à une large famille – la famille des EPH –, ce qui laisse supposer que le mécanisme découvert dans le cas du système rétino-tectal de poulet pourrait être plus général et donner une base moléculaire à divers phénomènes de reconnaissance topologique et spécifique qui accompagnent le développement du système nerveux.

La disposition de ces molécules à la surface des cellules du tectum ou des cônes de croissance n'est donc pas homogène puisqu'elle fait apparaître la présence de gradients ou, à tout le moins, d'hétérogénéités de

---

9. À ce stade, lecteur, tu es devenu suffisamment bon biologiste, si tu ne l'étais déjà, pour que je m'abstienne de définir un récepteur.

distribution. En cela, elles constituent bien la forme matérialisée et extériorisée de ce que j'ai à plusieurs reprises appelé information de position. Mais, comme toutes les protéines, ces molécules sont les produits de la transcription et de la traduction de gènes, ce qui implique que pour former un gradient de ce type, il faut que les cellules, en fonction de leur position le long des axes temporo-nasal de la rétine et antéro-postérieur du tectum, synthétisent des concentrations variables d'une même protéine. Nous revenons là à notre échiquier pour dire que cette information de position doit être également présente au niveau transcriptionnel et donc dans le noyau des cellules. Il doit, de ce fait, nécessairement exister un mécanisme qui permet à la cellule d'exprimer à la surface son état intérieur, ce que l'on pourrait appeler, métaphoriquement, le sourire ou au contraire la grimace du neurone.

Cette remarque nous ramène à ces facteurs nucléaires, ces homéoprotéines, dont nous avons vu, dans les tout premiers chapitres, qu'ils sont riches en information de position puisque, si on était capable de connaître pour chaque cellule la nature et la quantité des homéoprotéines qui y sont présentes, on pourrait sans jamais se tromper dire d'où et à quel stade développemental cette cellule a été prélevée dans l'espace-temps du corps, ici du système nerveux. Dans cette optique, il est tentant de proposer que ces facteurs de surface sont, qualitativement et quantitativement, sous le contrôle transcriptionnel de ces protéines à homéodomaine. Une homéoprotéine appelée ENGRAILED [10], découverte, comme il se doit, chez la

10. Nous avons introduit le gène *ENGRAILED* pour discuter le patron de développement de l'aile de drosophile. Il existe deux gènes *ENGRAILED* chez la drosophile, trois chez le poisson-zèbre et deux, appelés *ENGRAILED-1* et *ENGRAILED-2*, chez les oiseaux et les

drosophile, puis identifiée chez les vertébrés va ici nous être utile. Ce facteur de transcription, nucléaire donc, est exprimé à différents temps et en différents lieux au cours du développement. Une zone particulière d'expression est ce qu'on appelle la région mésencéphalique-métencéphalique qui comprend, au niveau mésencéphalique, ce fameux tectum. Mieux, à l'intérieur du tectum, l'expression n'est pas homogène, le contenu des noyaux en ENGRAILED diminuant quand on se déplace de ses régions les plus postérieures vers ses régions les plus antérieures. Nous avons donc affaire, une fois encore, à un gradient, mais, et c'est important de le souligner, à un gradient de protéines nucléaires.

Ce gradient interne a-t-il quelque relation avec le gradient externe, celui des protéines impliquées dans la reconnaissance topologique entre axones rétiniens et cibles tectales ? Les données en faveur d'une telle proposition sont, en fait, assez solides. Le gradient d'ENGRAILED dans le domaine tectal est clairement établi dès le deuxième jour de développement du cerveau de poulet. Si, à ce stade, on inverse le tectum, l'expression d'ENGRAILED s'adapte, c'est-à-dire que les cellules changent leur niveau de synthèse de telle sorte que le gradient antéro-postérieur d'ENGRAILED retrouve une polarité normale. Dans ce cas, la polarité d'innervation (nasal/postérieur et temporal/antérieur) est conservée malgré l'inversion. Par contre, si l'opération est faite au troisième jour de développement, le gradient d'expression d'ENGRAILED reste inversé. Cette inversion est suivie d'une inversion de l'innervation

mammifères. Au cours du développement du tectum et du cervelet *ENGRAILED-1* est exprimé avant *ENGRAILED-2* et semble nécessaire à son expression initiale. Sauf si cela est nécessaire je parlerai d'ENGRAILED sans distinguer les deux protéines. Cette licence est autorisée par le fait qu'on peut complémenter un gène par l'autre, ce qui souligne la proximité fonctionnelle des deux protéines.

rétinienne, suggérant donc que les fibres nasales et temporales reconnaissent respectivement les régions riches et pauvres en ENGRAILED.

Une autre façon de procéder est d'introduire [11] le gène *ENGRAILED* dans les régions antérieures. Cette expérience a été faite et a conduit à une postériorisation du tectum antérieur. Cette postériorisation est rendue évidente à la fois par l'aspect morphologique du tectum antérieur et par sa capacité à exprimer une protéine de surface qui inhibe l'innervation par les fibres temporales.

Ces expériences démontrent qu'il y a un lien entre le gradient d'ENGRAILED et la polarité antéro-postérieure du tectum dont une des marques est la polarité d'expression de ces protéines porteuses d'information positionnelle. Elles ne démontrent pas que ces protéines sont directement sous le contrôle transcriptionnel d'ENGRAILED, mais elles sont suffisamment convaincantes pour braquer désormais le projecteur sur le rôle joué par les gènes de développement dans la topographie du système nerveux. C'est ce à quoi nous allons maintenant nous employer, quitte à revenir ultérieurement à notre échiquier qui, nous le verrons, n'a pas fini de nous rendre des services.

---

11. Chez le poulet, on infecte localement les cellules avec un virus porteur du gène que l'on veut exprimer.

Chapitre X

LE CERVEAU DROSOPHILE

Dès le XIXe siècle, von Baer avait remarqué que la partie postérieure du cerveau, le rhombencéphale, présentait une série régulière de renflements évocateurs d'un processus de segmentation. Dans un contexte où le destin positiviste de l'embryologie avait été définitivement scellé et où la distinction, par ailleurs utile, entre analogie et homologie avait été utilisée un peu facilement pour clore toute discussion sur une éventuelle métamérisation des vertébrés, l'observation de von Baer avait peu de chances de survivre. Elle ne fut reprise que très récemment, il y a moins de dix ans, par deux Britanniques, R. Keynes et A. Lumsden, qui mirent en évidence que ces renflements réguliers abritaient une organisation, elle-même régulière et répétitive, de groupes neuronaux et de faisceaux nerveux. Autrement dit, il y avait là quelque chose de l'ordre d'une segmentation, ou d'une métamérie. On ressuscita donc, pour ces structures, le terme de rhombomères.

La découverte dans la même période des gènes *HOX* et de leur similarité avec les gènes *HOM* de drosophile a conduit à mettre en relation cette métamérie du rhombencéphale avec l'expression des gènes du complexe Hox. La *figure 29* montre ainsi que chaque rhombomère, de 1 à 7, est caractérisé par une combi-

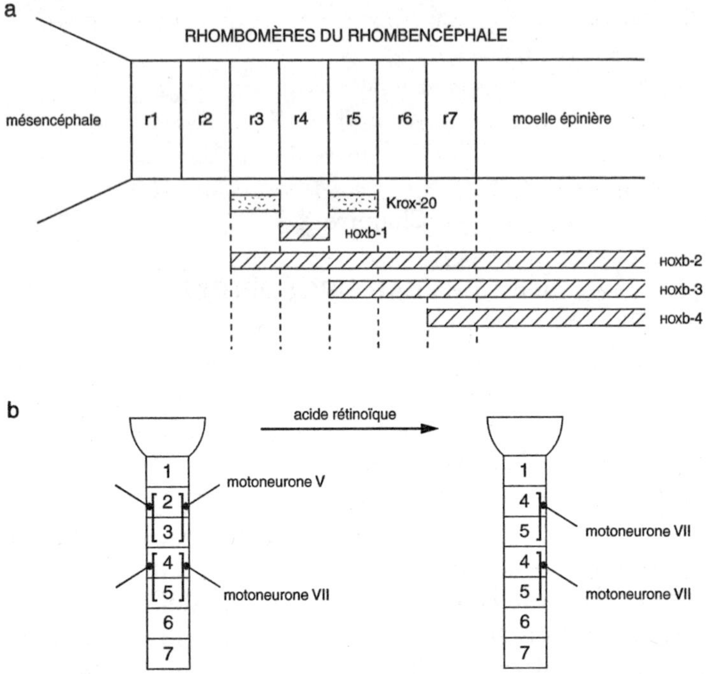

FIGURE 29 (a) – *Les rhombomères se forment par segmentation d'un territoire rhombencéphalique. Chaque rhombomère est spécifié, entre autres facteurs, par une combinatoire de gènes* HOX. *En particulier,* HOX*b-1 est fortement exprimé dans r4 et les cellules de la crête neurale qui entourent le motoneurone* VII *(issu de r4) expriment* HOX*b-2.*
(b) – *L'injection d'acide rétinoïque au jour 7,5 de la gestation antériorise l'expression des gènes* HOX. *Au jour 10,5 de la gestation, on observe que* HOX*b-1 est maintenant exprimé dans r2 et r4 et que* HOX*b-2 est exprimé dans les cellules de la crête neurale de r2. Cette transformation « génétique » de r2 en r4 est confirmée morphologiquement par celle du motoneurone* V *en motoneurone* VII.
(D'après S. Gilbert, Developmental Biology, *Sinauer Associates Inc. Publishers, Sunderland, Massachusetts, 1994.)*

natoire particulière de gènes *HOX*. En fait, la règle de la prévalence du postérieur (voir chapitre IV) amène à proposer que ce sont les gènes les plus exprimés qui déterminent la nature des rhombomères [1]. On a pu

1. Tu te souviens, lecteur, si tu n'as pas sauté le chapitre III, que l'expression d'un gène *HOX* est maximale au niveau de la frontière

conclure que les rhombomères sont des structures distinctes avec des frontières nettes établies très tôt au cours du développement, vers le huitième jour embryonnaire pour ce qui est de la souris. Il a été démontré par d'élégantes techniques de traçage qu'il s'agit bien de frontières et que les cellules nées dans un rhombomère après la période de formation des frontières sont interdites de passage, c'est-à-dire que leurs descendants ne sauraient franchir les limites inter-rhombomériques [2].

Les patrons d'expression des gènes *HOX* dans le rhombencéphale et ce que l'on sait du complexe HOM-C chez la drosophile ont donc laissé supposer que ces gènes spécifient le devenir morphologique et fonctionnel des différentes zones du rhombencéphale comme leurs homologues définissent la structure morphologique des segments chez les invertébrés. La confirmation de cette hypothèse est venue d'expériences de délétion et de surexpression des gènes *HOX*, mais surtout des effets tératogéniques (malformations monstrueuses) de l'acide rétinoïque, substance qui a la capacité de forcer l'expression des gènes postérieurs dans des domaines plus antérieurs (voir *figure 29*). Ainsi, si on injecte de l'acide rétinoïque à une souris vers le septième jour de sa gestation, on constate que le gène *HOXb-1*, normalement fortement exprimé dans

---

antérieure de sa transcription, bref que – comme dans le cas de *ENGRAILED* – il existe un gradient d'expression, dans ce cas précis antéro-postérieur, de chacun de ces gènes. Ce gradient antéro-postérieur joue probablement un rôle dans la spécification des rhombomères, en particulier pour différencier, entre deux rhombomères exprimant les mêmes gènes *HOX*, celui qui est à l'avant et celui qui est à l'arrière.

2. Ces techniques consistent à marquer une cellule et à suivre ses descendants. Si la cellule est marquée avant établissement des frontières, on peut retrouver des descendants qui auront migré librement de part et d'autre de cette frontière encore à venir. Par contre, si les cellules ont été marquées après la « segmentation du rhombencéphale », alors, trop tard, « on ne passe plus ».

le rhombomère 4, dont est issu le nerf crânien VII, est maintenant exprimé dans les rhombomères 1 à 4 au jour 8,5 et que cette expression est maintenue jusqu'au jour 10,5 dans les rhombomères 2 et 4. L'analyse morphologique montre que, dans ces conditions, le rhombomère 2 ne donne plus naissance au nerf crânien V, mais à un deuxième nerf crânien VII, bref qu'il a changé d'identité, qu'il a été transformé en rhombomère 4.

Ces expériences illustrent avec éclat que les gènes de développement de la famille *HOX* déterminent la nature des rhombomères comme les gènes du complexe HOM chez la drosophile déterminent celle de leurs segments. La transformation du rhombomère 2 en rhombomère 4 est de même nature que la mutation qui transforme une aile en œil ou une patte en antenne. Si l'on veut bien admettre que les nerfs V et VII sont des structures homologues, on dira que nous avons là, chez les vertébrés cette fois, une véritable mutation homéotique et que les principes mis en évidence chez la drosophile sont toujours valables, au moins pour le rhombencéphale, chez la souris.

Progressons maintenant vers les régions antérieures du système nerveux, c'est-à-dire dans des domaines où les gènes *HOX* ne sont plus exprimés. On doit s'interroger, en l'absence des gènes de ce complexe, sur la nature génétique de leur morphogénèse. En fait, nous avons fait connaissance avec un de ces gènes, *ENGRAILED*, quand nous avons discuté le problème de l'innervation du tectum par la rétine et de la conservation de la topologie entre ces deux structures. Si on reprend le schéma de développement du système nerveux avec les zones mésencéphalique et métencéphalique, on constate une très forte expression d'*ENGRAILED* dans la constriction entre ces deux vésicules, la zone de l'isthme (image empruntée aux géographes), et une expression décroissante vers l'arrière, dans le rhombomère 1, et vers l'avant, dans le mésencéphale postérieur dont, dorsalement, le tectum. Le rôle d'*ENGRAILED* dans la formation de ce territoire, qui donnera naissance au mésencéphale et au cervelet, a été clairement démontré par la technique de knockout ou ablation génique : en l'absence d'*ENGRAILED-1*, les souris perdent leur mésencéphale postérieur et leur cervelet [3].

Un autre enseignement a été tiré de l'expression en gradients décroissant antérieurement et postérieurement à partir de la zone de l'isthme. Si on se rapporte à ce qui a été dit des gradients et des champs morphogénétiques, on suspectera que cette zone joue le rôle d'un inducteur, à la façon de l'inducteur neural, en sécrétant un facteur diffusible dont la concentration, décroissant à partir de la source isthmique, instruira les cellules quant à la quantité d'ENGRAILED qu'elles doivent synthétiser, donnant ainsi naissance à deux champs morphogénétiques, l'un du côté avant de l'isthme et l'autre du côté arrière.

Un peu à la façon de Mangold et Spemann et de leur lèvre dorsale du blastopore, on peut, pour vérifier cette hypothèse, prendre cette région de l'isthme qu'on dira organisatrice et la greffer dans différents endroits du cerveau en développement. C'est ce qu'on a fait, chez le poulet, pour constater que l'isthme greffé dans le diencéphale stimule la synthèse d'ENGRAILED par les cellules avoisinantes et les transforme en tectum, jamais cependant en cervelet. Le même domaine greffé dans le rhombencéphale, cette fois, induit la formation d'un cervelet. Par contre, la greffe dans le cortex, c'est-à-dire dans les régions les plus anté-

3. *ENGRAILED-1* s'exprime le plus tôt et son absence entraîne celle d'*ENGRAILED-2*. Par contre, si on retire *ENGRAILED-2*, *ENGRAILED-1*, qui est déjà présent, peut suppléer et le cerveau est presque normal.

rieures, ne donne pas de modifications morphogénétiques. De ces résultats schématisés dans la *figure 30* on peut conclure que l'isthme a bien des propriétés inductrices, mais que la réponse des tissus qui reçoivent le greffon varie selon leur position. Pour caricaturer, disons qu'il ne se passe rien en avant, qu'au milieu on obtiendra du tectum, et à l'arrière du cervelet. Il ne suffit pas qu'il y ait un inducteur, encore faut-il que le tissu accepteur soit compétent, ce qui, là encore, est question de position.

Mais quel est donc cet inducteur ? L'induction d'un mésencéphale dans le diencéphale, voire le remplacement total d'une structure par l'autre, peuvent être obtenus par la greffe non plus d'un tissu, mais d'une petite bille recouverte d'une protéine, membre de la famille des facteurs de croissance des fibroblastes, le FGF-8. Ce facteur exprimé dans l'isthme semble donc nécessaire et suffisant pour induire la formation d'une structure mésencéphalique ou même cérébelleuse dans un territoire antérieur. Curieusement, tel n'est pas le cas après greffe de la bille dans les rhombomères, ce qui, là aussi, démontre l'importance de la position et souligne que la morphogénèse requiert une combinatoire précise de facteurs morphogènes et de facteurs transcriptionnels.

Ces résultats me permettent de revenir à l'échiquier du chapitre précédent pour proposer que le FGF-8, produit par une source au niveau de l'isthme, diffuse vers l'avant selon un gradient décroissant et active la synthèse d'ENGRAILED, elle-même décroissante, qui dirige le niveau d'expression des protéines de surface dont la quantité détermine quelles parties du territoire seront plutôt innervées par les fibres temporales ou nasales de la rétine. Les cas de l'aile de la drosophile, de la régionalisation dorso-ventrale du tube nerveux, ou encore de l'induction neurale montrent à quel point ces mécanismes sont préservés au cours de l'évolution,

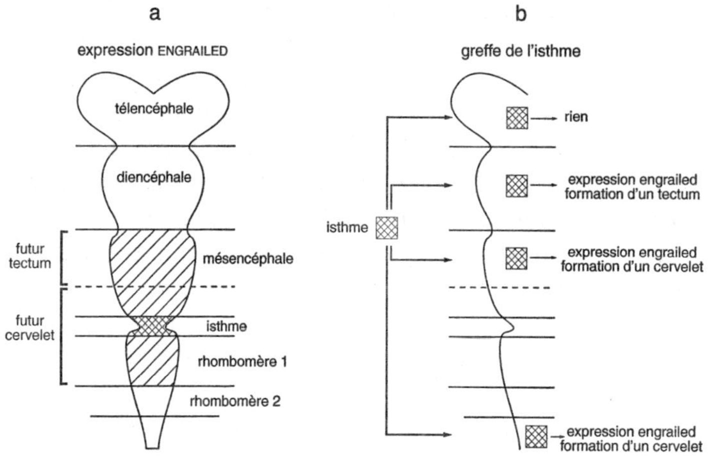

FIGURE 30 (a) – *Expression d'*ENGRAILED-2 *dans l'isthme, le mésencéphale et le rhombomère 1. Notons la double décroissance de l'expression en avant et en arrière, à partir de l'isthme.*
(b) – *La greffe de l'isthme a des effets différents sur la synthèse d'*ENGRAILED *par le tissu accepteur et sur la transformation morphologique de ce même tissu.*

mais aussi au sein du même animal dans la mise en place de structures variées [4].

Mais le cerveau ne s'arrête pas au mésencéphale. Dans les zones plus antérieures, il faut encore construire le diencéphale et le cortex avec ses structures sous-corticales : striatum, hippocampe, etc. Pour cela, je me permettrai, une fois encore, d'avoir recours à notre chère drosophile qui, elle aussi, a une région antérieure avec des gènes qui lui sont spécifiques. Selon une stratégie maintenant coutumière, c'est en partant de ces gènes et en recherchant des homologues chez la souris et chez l'homme que les premiers gènes de développement du cerveau, de la famille des protéines à homéodomaine [5], mais cette fois non pré-

4. Le patron des membres est déterminé de façon très similaire.
5. Il existe d'autres gènes de développement appartenant à

sent sur les complexes Hox, ont été identifiés. Les premiers à l'être ont été les gènes *EMX-1* et *EMX-2*, homologues de *EMS (EMPTY SPIRACLES)* chez la drosophile, et *OTX-1* et *OTX-2*, homologues de *OTD (ORTHODENTICLE)*. *La figure 31* montre de façon schématique les sites d'expression de *OTD* chez la drosophile et de *OTX-2* chez la souris. Depuis, nombre de ces gènes ont été trouvés et, sauf à transformer ce texte en catalogue, il est impossible de les citer tous. Il est cependant nécessaire de dire que sur la base de l'expression de ces gènes dans le système nerveux en développement, on peut tracer des cartes du destin cérébral et déterminer les territoires présomptifs qui donneront naissance à telle ou telle structure chez l'adulte à la fois dans le sens antéro-postérieur et dans le sens dorso-ventral. Surtout, et toujours sur la base des combinatoires d'expression, il a été possible de proposer de façon convaincante un patron de métamérisation de tout le cerveau. Un principe de métamérie est présenté dans la *figure 31*. Notons que nous avons toujours les rhombomères (spécifiés jusqu'au rhombomère 2 par les gènes du complexe Hox. Puis le rhombomère 1, l'isthme et le mésencéphale, trois neuromères à l'origine du cervelet et du mésencéphale et qui se singularisent – entre autres gènes exprimés – par la présence des gènes *ENGRAILED*. Enfin, dans les régions les plus antérieures, la segmentation du prosencéphale avec les prosomères 1 à 3 qui donneront naissance au diencéphale et à ses noyaux thalamiques, et les prosomères 4 à 6 qui ont, eux, pour tâche de construire le télencéphale dont le cortex cérébral et les noyaux sous-corticaux.

Les stratégies décrites dans le cas d'*ENGRAILED* sont en route, délétion génique, surexpression dans des

---

d'autres familles. Ils ont en général été identifiés par d'autres stratégies.

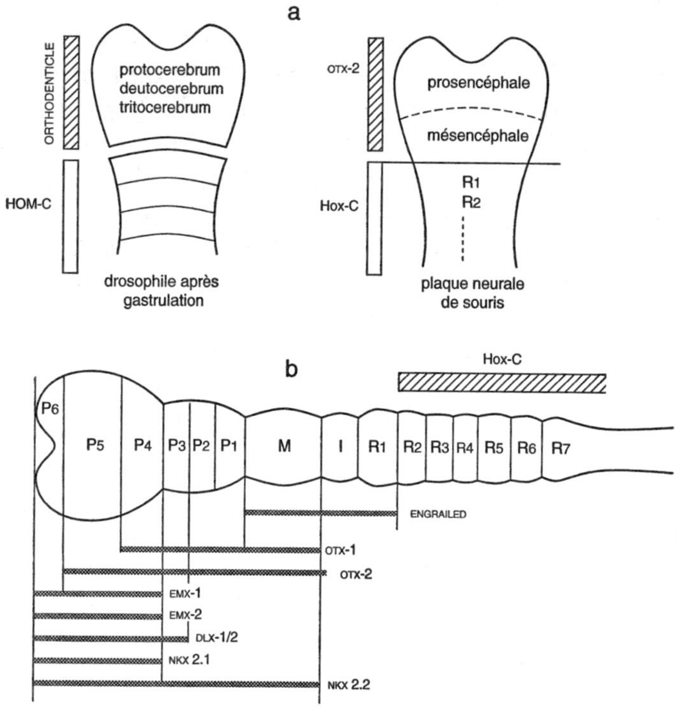

FIGURE 31 (a) – *Schéma montrant les similitudes d'expression antérieure de* ORTHODENTICLE (OTD) *et* OTX-2 *chez la drosophile et la souris. Rappelons que* OTX-2 *a été cloné par homologie avec* OTD. *Ce même schéma replace les gènes des complexes Hox et* HOM *dont j'ai déjà discuté les homologies.*
(D'après D. Arendt, K. Nübler-Jung, « Common ground plans in early brain development in mice and flies », BioEssays, *vol. 18, 1996, p. 255-259.)*
(b) – *Proposition de segmentation antéro-postérieure du système nerveux central sur la base des domaines d'expression de quelques gènes de développement. Notons qu'à partir de trois vésicules initiales (prosencéphale, mésencéphale et rhombencéphale), on propose sur le même territoire global la présence de quinze neuromères, voire dix-sept si on accepte la possibilité d'une division du mésencéphale et de la zone de l'isthme. J'insiste sur ce point pour souligner le côté drosophilien d'une segmentation à partir d'un territoire global sans bourgeonnement postérieur. Le bourgeonnement ne se fait qu'à partir de la moelle épinière (voir plus haut, figure 21).*
(D'après A. Bulfone et al., *« Spatially restricted expression of Dlx-1, Dlx-2 (Tes-1), Gbx-2 and Wnt-3 in the embryonic day 12.5 mouse forebrain defines potential transverse and longitudinal segmental bounderies »,* J. Neurosci., *vol. 13, 1993, p. 3155-3172.)*

régions anormales, recherche de zones inductrices similaires à celle de l'isthme, qui devraient venir rectifier et affiner ce schéma. Il est cependant probable qu'il restera pour un certain temps la base de nos réflexions et que le cerveau drosophile, c'est-à-dire métamérique, est maintenant en bonne place dans la tête des biologistes du développement. À ce stade, il n'est pas inutile de souligner que la drosophile et les autres invertébrés n'ont pas seulement constitué une source de molécules ou de gènes de vertébrés, une façon de les identifier, mais qu'ils ont également ouvert la voie à un mode de raisonnement dont le caractère fructueux a été démontré, au-delà de tous les espoirs, par l'essor sans précédent de cette discipline au cours des toutes dernières années.

Avant de clore ce chapitre, je voudrais faire deux commentaires. Le premier est en relation avec la fameuse règle de colinéarité dont nous avons mesuré, au chapitre IV, l'importance pour les parties de l'organisme qui se fabriquent par bourgeonnement et spécification successifs des nouveaux domaines ainsi générés. Cette règle de colinéarité ne s'applique pas aux gènes qui spécifient les neuromères les plus antérieurs. En effet, les différents gènes *ENGRAILED*, *OTX*, *EMX* et autres ne sont pas présents sur un même chromosome qui porterait ainsi dans sa structure l'ordonnance antéro-postérieure des neuromères. On peut même penser que la règle de colinéarité associée à l'existence des complexes Hox n'est pas nécessaire, non plus, pour la spécification des rhombomères, qui, comme les régions qui leur sont antérieures, jusqu'au prosomère 6, se forment non par bourgeonnement, mais par segmentation d'un territoire déjà donné selon un schéma qui rappelle la spécification des segments chez la drosophile, cet insecte qui semble avoir perdu la notion du temps [6]. On peut donc dire que, jusqu'au rhombomère 7, le cerveau se constitue d'un bloc, qu'il est présent, pour ainsi dire dès le départ, dès le stade de la plaque neurale, et que ce sont les domaines postérieurs, les différents segments de la moelle épinière, qui se forment par croissance. Nous verrons cependant que si, chez les vertébrés, le cerveau a comme oublié le temps, c'est à la fois parce qu'il l'a comprimé au départ et parce qu'il l'a considérablement ralenti, le développement étant, pour cet organe, mais à un autre niveau, celui de la plasticité de ses connexions, allongé comme à l'infini, dans les limites – bien entendu – de la durée de vie des organismes.

Le deuxième commentaire, directement lié à cette question du ralentissement du temps du développement, est que les gènes de développement ne cessent pas de s'exprimer avec la fin de la spécification des différents domaines cérébraux. Ces gènes s'expriment en effet dans les cellules post-mitotiques, en particulier dans les neurones en cours de différenciation, quand les neurites croissent et que les axones voyagent à la recherche de leurs cibles. Ils le sont encore chez l'adulte quand les neurones changent de forme et que les synapses se défont et se refont, pas toujours exactement au même endroit ni avec les mêmes partenaires. C'est dire que nous pouvons supposer que ces gènes si importants pour la forme des organes, dont les organes cérébraux, le sont probablement également pour la forme des cellules et plus particulièrement des

6. Rappelons que la drosophile est un diptère à longue bande germinale d'évolution récente. Son mode de développement, sans bourgeonnement, pourrait ne pas imposer une conservation stricte de la règle de colinéarité. C'est peut-être la raison pour laquelle la drosophile a pu accepter cet accident évolutif que constitue la cassure du chromosome porteur du complexe HOM entre les complexes ANTP et UBX (voir chapitres II et IV).

neurones, et que, porteurs d'information de position, ils ont une fonction dans la reconnaissance des trajets et l'identification des cibles. Qu'est-ce, en effet, qu'un trajet d'un axone sinon sa forme même ? Les expériences qui militent dans ce sens sont difficiles à obtenir par la pure génétique, dans la mesure où la délétion précoce d'un gène affectant l'ensemble d'un territoire, le supprimant parfois comme dans le cas d'*ENGRAILED*, rend impossible de prédire comment les neurones qui le composent normalement se seraient développés sans ce gène. Les techniques actuellement en développement qui permettront d'inactiver un gène à des périodes tardives, jusque chez l'adulte, sans affecter les stades précoces du développement, permettront de répondre à ces questions. Je suis convaincu qu'on découvrira que ces gènes sont responsables de cette plasticité adulte et qu'ainsi s'ouvrira une nouvelle ère non seulement dans notre compréhension des phénomènes de mémorisation mais, également, dans notre approche de nombre de maladies liées au vieillissement normal ou pathologique du système nerveux.

Cette conviction ne relève pas d'un acte de foi. Elle dérive de modèles expérimentaux faisant appel à la culture de cellules nerveuses et qui démontrent en effet que, dans ces modèles, les protéines à homéodomaine peuvent réguler la croissance des fibres nerveuses. Elle dérive aussi de ce que nous commençons d'entrevoir quant à la nature des gènes dont les homéoprotéines régulent la synthèse et qui, bien que nous n'en soyons qu'au début de leur lent déchiffrement, codent bien souvent pour des molécules effectrices de la différenciation des fibres nerveuses, en particulier des molécules dites d'adhésion et des molécules du cytosquelette [7]. De fait si on veut bien

---

7. La cellule interagit avec son milieu extérieur par de nombreux récepteurs localisés à sa surface. Les molécules d'adhésion

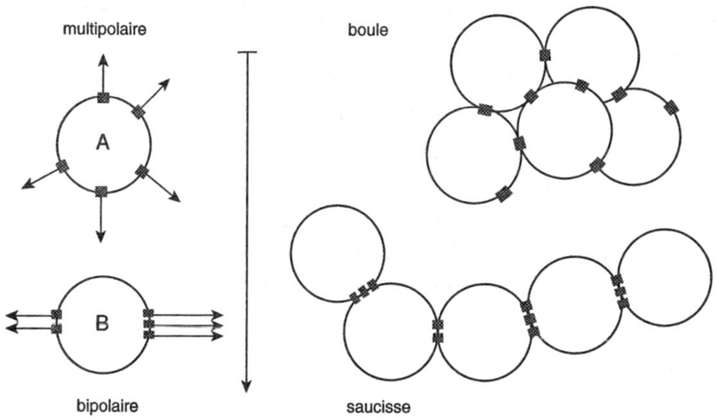

FIGURE 32 – *Comparaison des modifications obtenues au niveau unicellulaire ou multicellulaire par la simple modification de la distribution des énergies de surface sur des cellules isolées ou en interaction.*

admettre que, à partir des mêmes cellules, construire une main ou un pied revient pour une bonne part à organiser les patrons des forces qui s'exercent entre ces cellules, il est également vrai que modifier la forme d'une cellule, c'est également modifier le patron des forces qui s'exercent sur elles, à sa surface ou de façon interne *(figure 32)*.

Elle dérive enfin, cette conviction, des données de la pathologie et de la découverte faite chaque jour que nombre de malformations congénitales sont liées à des mutations qui se produisent dans ces gènes de

---

sont à la fois des récepteurs et des molécules qui servent de support aux énergies d'interaction avec le milieu extracellulaire. À ce titre, elles exercent des forces à la surface de la cellule. De façon un peu semblable, le cytosquelette ou squelette cellulaire exerce des forces à l'intérieur de la cellule, comme notre squelette le fait à l'intérieur de notre corps (qu'on imagine un corps sans squelette pour saisir immédiatement la vérité de cette image de force intérieure). Or il me plaît, suivant ainsi d'Arcy Thompson, de penser que la morphogénèse est bien une question d'application de forces et que, par conséquent, ces molécules sont les agents de la morphogénèse, y compris au niveau cellulaire.

développement ou dans des gènes dont on peut supposer que la synthèse est contrôlée par de tels gènes de développement. C'est la raison pour laquelle il est probable qu'on s'acheminera assez rapidement vers une conception physiologique de l'homéostasie génétique. C'est-à-dire vers l'idée selon laquelle des dérégulations, même faibles, du taux d'expression de ces facteurs de développement pourraient se trouver à l'origine de bien des maladies du système nerveux, comme de son vieillissement. On dira alors que la génétique a réinvesti la physiologie. Et si c'était justement le contraire ?

Chapitre XI

À QUOI PENSENT LES CALAMARS ?

Observons un calamar rencontrant un prédateur : mouvement de recul, agitation des tentacules, jet d'encre, mise à profit des quelques secondes ainsi données par l'aveuglement de l'attaquant pour une fuite éperdue et la recherche d'une cache. Très franchement, ne dirait-on pas qu'il pense ? Cette série de décisions, en effet, suit la perception de la forme hostile et sa reconnaissance, puis des événements d'ordre moteur parfaitement coordonnés permettant la mise en œuvre d'une stratégie qui, cette fois encore peut-être, sauvera sa mise au mollusque.

Évidemment, nous savons bien que ce comportement n'est pas le résultat d'une réflexion déclenchée par la vision du signal ennemi et que l'animal n'a pas conscience de ce qu'il fait, qu'il n'y réfléchit pas, ou, si l'on préfère, qu'il en a une conscience de calamar, assez éloignée de ce que nous, humains, appelons conscience [1]. Il reste que nous sommes un produit de

1. De même que certains croient que pour compter, il faut savoir que l'on compte (voir mon commentaire dans le chapitre IV), d'autres sont persuadés que pour penser, il faut avoir conscience que l'on pense. Ceux-ci avancent alors : mais à quoi sert d'avoir conscience ? Puisque les neurones font ces opérations, ils pourraient aussi bien les faire sans que le sujet le sache. Pour

l'évolution des espèces et que – cela peut ne pas plaire, mais c'est ainsi – nous partageons un ancêtre commun avec le poulpe. Et même si la structure de notre cortex et l'invention du langage permettent que ce soient nous qui écrivions sur les poulpes et non l'inverse, il ressort de cette parenté que les autres espèces animales, y compris les invertébrés, ont quelque chose à nous apprendre sur la pensée, fût-elle consciente.

Ce quelque chose que nous pouvons apprendre de nos compagnons d'évolution est justement que la pensée n'est pas déposée dans le système nerveux, mais qu'elle est constituée par le rapport adaptatif que le corps, par son système nerveux, mais pas uniquement lui, entretient avec le milieu. Que nous ayons, nous, vertébrés supérieurs, sélectionné des stratégies d'adaptation fondées sur une plasticité cérébrale, source d'individuation extrême, alors que nos cousins et petits cousins invertébrés sont plutôt du côté de la pure génétique et de la production et sélection de clones, est évidemment fondamental – je l'ai souligné à plusieurs reprises –, mais n'empêche pas que la première chose à comprendre est justement la nature de ce rapport de la périphérie au centre et du centre à la périphérie, c'est-à-dire la construction de cet étrange arc réflexe et des modifications qui ont amené à imposer l'évidence d'un cerveau entre ce qui entre et ce qui sort.

Prenons l'exemple du cortex sensori-moteur, c'est-à-dire des deux zones du cortex qui, d'une part,

---

une part, qu'ils se rassurent, nombre de nos pensées sont d'instinct, comme celles des calamars. Pour une autre, qu'ils réalisent que le cerveau se construisant dans un rapport au monde, et, pour ce qui est des êtres doués de langage, dans un rapport aux autres, il faut bien que la conscience de soi naisse de cette confrontation. Sinon, nous ne serions même pas des calamars, seulement ces machines imbéciles qu'on voudrait nous faire prendre pour des modèles de cerveau.

reçoivent les informations sensorielles, en particulier la pression ou le toucher, et qui, d'autre part, sont à l'origine des mouvements moteurs volontaires. Les sensations tactiles proviennent de la stimulation de récepteurs sensoriels présents à la surface du corps, dans la peau. Ces ganglions sensoriels sont des dérivés de la crête neurale [2] ; ils ont une extrémité périphérique, dans la peau donc, et une centrale dans les cornes dorsales de la moelle (on se souvient que les motoneurones sont, eux, dans les cornes ventrales). La *figure 33* donne une idée des trajets ascendants et descendants. L'information sensorielle, transmise par les neurones du même nom, monte alors des racines dorsales vers le thalamus après avoir traversé vers le côté contraléral. On sait, en effet, que le côté droit de l'organisme est représenté sur le cerveau gauche et vice-versa. Cette montée se fait soit d'une traite (projection spino-thalamique) soit après un relai au niveau du tronc cérébral. Il reste que, dans un cas comme dans l'autre, le premier noyau central – au sens particulier de « n'exprimant pas des gènes du complexe Hox [3] » – rencontré est bien le thalamus, structure diencéphalique introduite dans le chapitre X et correspondant à une différenciation des prosomères 1 à 3.

Cette première projection, tout comme dans le cas

2. La crête neurale est une structure bilatérale qui se forme au moment de la fermeture du tube nerveux, dans sa région dorsale. Ces cellules d'origine ectodermique migrent pour aller former de nombreuses structures, pas uniquement nerveuses d'ailleurs, comme le cartilage et les os du squelette facial ou certains tissus connectifs et musculaires. Sur le plan du système nerveux, les cellules de la crête donnent naissance au système nerveux périphérique, dont les ganglions ortho- et para-sympathiques et les ganglions sensoriels. Pour plus de détails, lire, de N. Le Douarin, *The Neural Crest*, Cambridge University Press, 1982, ainsi que les nombreuses publications de son équipe.

3. Je sais bien que le tronc cérébral, comme la moelle épinière, est central, mais la distinction que j'introduis ici entre exprimant ou non les gènes du complexe Hox me sera utile par la suite.

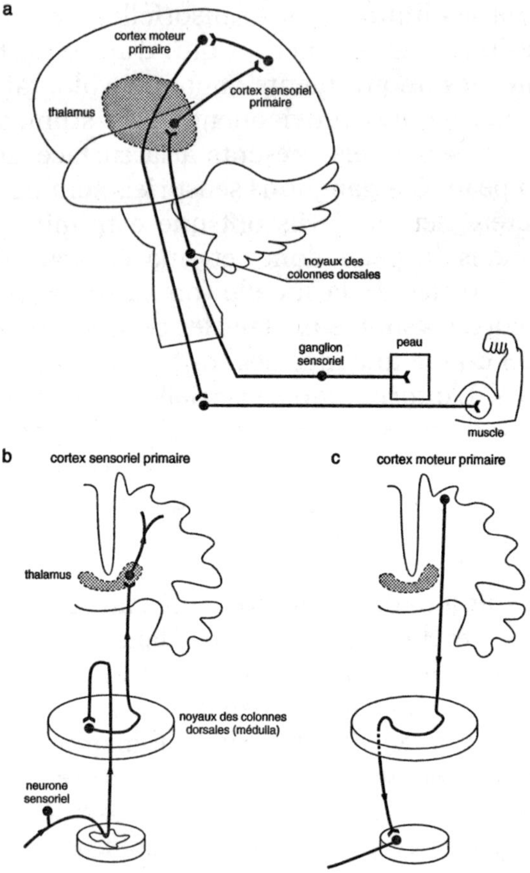

FIGURE 33 (a) – *Schéma simplifié des interactions sensori-motrices avec passage par les centres supérieurs. Les récepteurs somatiques sensoriels stimulés au niveau de la peau transmettent le stimulus* via *les colonnes dorsales de la moelle épinière vers les noyaux du pons. À ce niveau, il y a un premier relai synaptique. L'information est alors transmise au thalamus sensoriel où a lieu le deuxième relai synaptique. Du thalamus, la projection sur le cortex somatique sensoriel primaire est directe. À partir de ce premier centre cortical, on repasse vers le cortex moteur primaire et on redescend directement vers les motoneurones des racines ventrales qui stimulent les muscles appropriés. On verra qu'il s'agit là d'un circuit minimum qui présente des variantes et de nombreuses possibilités d'enrichissement, en particulier au niveau cortical.*
(b et c) – *Représentation des mêmes circuits illustrant le phénomène de passage du côté contralatéral. On sait que le côté droit est « dirigé » par le cerveau gauche et vice versa.*
(D'après E. R. Kandel, J. H. Schwartz, T. M. Jessel (eds), Principles of Neural Sciences, *3e edition, Elsevier, 1991.)*

de la rétine et du tectum discuté plus haut, se doit de respecter une topologie. C'est ainsi que si l'on stimule deux points sur la main, les fibres sensorielles, en arrivant au niveau thalamique, stimuleront deux groupes de cellules entretenant entre eux le même rapport spatial que les récepteurs sensoriels stimulés au niveau de la main. Si je répète cette opération à différents niveaux du corps, on conçoit qu'une représentation va s'en dessiner point par point au niveau thalamique, sous la forme de ce que j'appellerai ici un homunculus électrophysiologique, car c'est grâce à l'enregistrement par électrodes qu'on peut repérer les cellules qui répondent quand on stimule un point donné de la peau. Les neurones qui ont leurs corps cellulaires dans le thalamus sont des relais et envoient, à leur tour, par leurs axones, l'information électrique vers le cortex sensoriel, dessinant du même coup à travers les synapses établies, au cours du développement, avec les neurones corticaux des aires sensorielles, un deuxième homunculus électrophysiologique, ou plutôt deux homunculus dans les aires sensorielles I et II. Ces homunculus thalamiques et corticaux (aires sensorielles SI et SII) peuvent être caractérisés, et l'ont été, pour tous les vertébrés et, pour ce qui est de l'homme, par Penfield et Rasmussen en 1952.

C'est cet homunculus cortical de Penfield qui est représenté dans la *figure 34*. Immédiatement, il saute aux yeux que cette représentation, si elle rappelle bien la morphologie corporelle, est l'objet d'une déformation importante, les régions ayant les innervations sensorielles les plus denses étant les plus représentées. On note aussi dans les représentations de la *figure 35* que tous les animaux n'accordent pas la même importance à toutes les régions du corps. Ainsi, chez l'homme, le tronc occupe une surface faible, comparée à celle de la main ou des lèvres. Je ne dirai rien du sexe qui me semble là sous-estimé quant à la densité

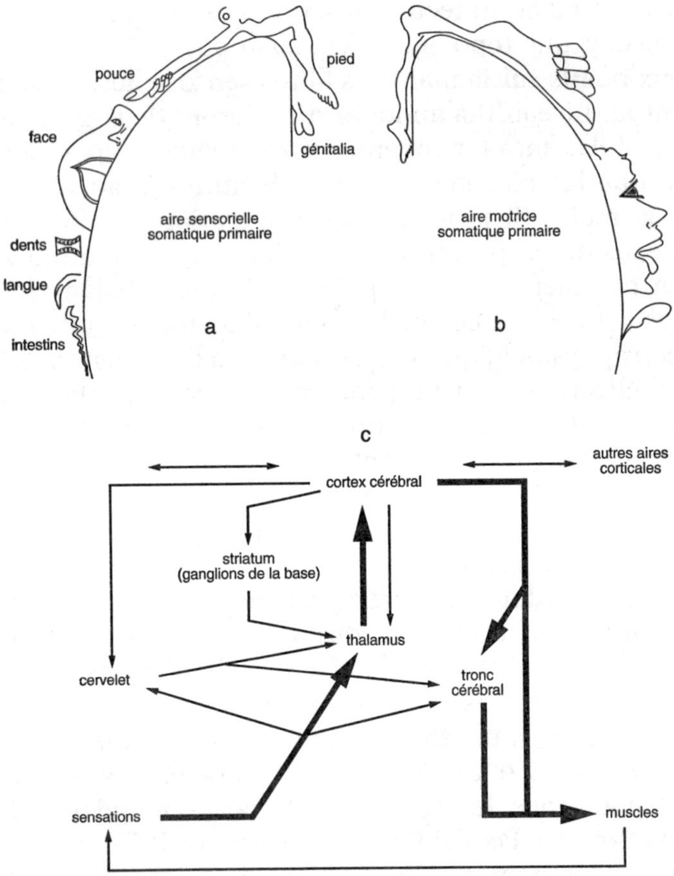

FIGURE 34 (a et b) – *Homunculus sensoriel et homunculus moteur d'après Penfield.*
(c) – *Schéma montrant de nouveau les entrées sensorielles et les sorties motrices (en gras pour les principales), mais incluant les possibilités d'interaction et de retour en boucle avec les différentes aires corticales, les noyaux sous-corticaux et le cervelet.*
(D'après E. R. Kandel, J. H. Schwartz, T. M. Jessel (eds), Principles of Neural Sciences, *3e edition, Elsevier, 1991.)*

de son innervation, sans doute pour des raisons qui ont peu à voir avec la seule physiologie.

Pour redescendre à présent du côté moteur, par exemple pour se gratter là où ça démange, il faut que

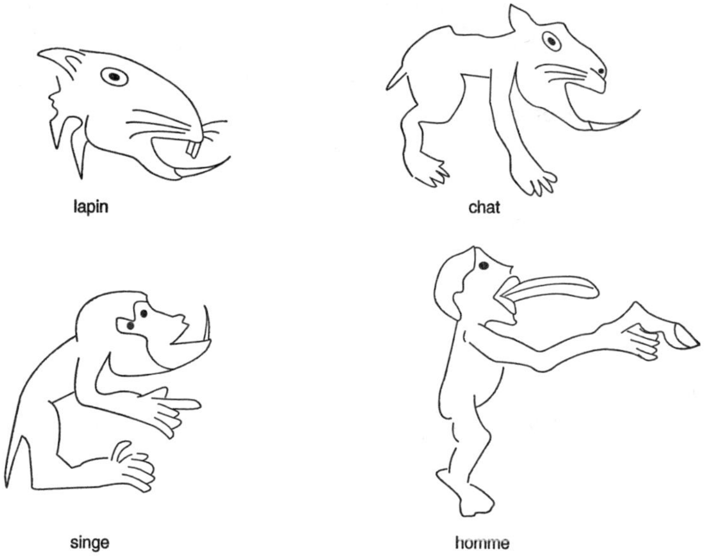

FIGURE 35 – *Différents homunculus sensoriels démontrant que les organes principaux ne sont pas les mêmes pour tous les organismes. (D'après E. R. Kandel, J. H. Schwartz, T. M. Jessel (eds),* Principles of Neural Sciences, *3e edition, Elsevier, 1991.)*

l'homunculus sensoriel communique par un trajet synaptique avec un autre homunculus, moteur cette fois, localisé comme en miroir de l'autre côté d'une délimitation, d'un sillon, le sulcus central. De cet homunculus moteur [4], lui aussi illustré dans la *figure 34*, partent donc des fibres motrices qui descendent vers les neurones moteurs de la moelle : les motoneurones des racines ventrales *(figure 33)*. L'idée à retenir est que même si la correspondance entre les afférences sensorielles et les homunculus sensibles peut être considérée comme un système point à point,

4. On notera l'absence de représentation des organes génitaux qui, on peut en faire facilement l'expérience, ne répondent pas aux injonctions du mouvement volontaire.

les différents points des homunculus centraux [5] sont connectés selon une topologie précise des circuits neuronaux. Il y a donc dans la construction de ces homunculus centraux [6] un ordre fondé sur l'arrangement, lui-même ordonné, des fibres nerveuses. Par conséquent, cet ordre dépend fortement de la précision du guidage des cônes de croissance et de celle de la reconnaissance des cibles au cours du développement. Les homéogènes exprimés dans le cerveau n'étant pas, à l'instar des gènes « périphériques » du complexe Hox, disposés de façon homunculaire dans le génome [7], on peut supposer que cet ordonnancement central en corps – les homunculus électrophysiologiques cérébraux peuvent en effet être appelés ainsi – nécessite que la périphérie, qui, seule, connaît, au niveau génétique, l'ordre spatial du corps – au sens commun cette fois –, participe à l'organisation des homunculus centraux [8].

Les données qui indiquent que les afférences sensorielles organisent les représentations centrales sont nombreuses. La plus célèbre est la représentation dans le cortex sensoriel des vibrisses de la souris. Les vibrisses ont l'apparence des moustaches, mais ce sont des récepteurs, des neurones qui transmettent les stimuli vers le centre ; ils se projettent sur la région de l'homunculus sensoriel de la souris correspondant à son museau. À ce niveau, il est frappant de constater que chaque vibrisse est représentée centralement, dans l'homunculus donc, par un tonnelet, petit regrou-

---

5. À l'intérieur d'un même homonculus et entre homunculus.
6. Le nombre exact de ces représentations est difficile à donner. Le bas de la *figure 34,* qui schématise un certain nombre de circuits impliqués dans une tâche sensori-motrice, suggère que c'est au moins par dizaines qu'il faut les compter.
7. Qu'on se reporte au chapitre II.
8. Je reviendrai sur ce point dans la thèse développée au chapitre XII.

pement de neurones dont le rôle est de traiter l'information reçue de la périphérie. Cette correspondance entre vibrisses périphériques et tonnelets centraux [9] est illustrée dans la *figure 36*. Aux cinq rangées de vibrisses (A à E) correspondent cinq rangées de tonnelets.

Cette topie permet d'étudier comment des modifications des afférences sensorielles peuvent modifier l'organisation centrale. Il suffit pour cela de supprimer certaines vibrisses à différents stades du développement et d'étudier la conséquence de l'opération sur l'organisation du cortex sensoriel. Le résultat est que la suppression d'un rang de vibrisses entre les jours 1 et 5 qui suivent la naissance perturbe l'organisation centrale et que cette perturbation est d'autant plus forte que l'opération a eu lieu plus tôt. Il est aussi important de constater que la suppression d'une rangée (la rangée C dans cet exemple) entraîne une augmentation du territoire occupé par les tonnelets de la rangée D comme si, la place étant libre, les voisins devenaient envahissants. Cette plasticité dans l'organisation centrale ne peut se produire qu'au cours d'une période critique qui dure environ cinq jours. De fait, si la rangée est supprimée une semaine après la naissance (la souris est sexuellement mature à trois semaines), le cortex a reçu une information sensorielle suffisante pour maintenir une organisation grossière [10] normale malgré la perte ou la dégénérescence des afférences.

Cette influence de la périphérie sur le centre se fait au moment où les fibres sensorielles atteignent une région corticale, certes déjà définie comme « région du

---

9. Dans la couche IV du cortex sensoriel, celle qui reçoit les fibres du thalamus (voir chapitre VI).

10. Il s'agit là d'une anatomie grossière. Il est évident que la perte des afférences a des conséquences sur la physiologie du système, en particulier sur les connexions entre tonnelets.

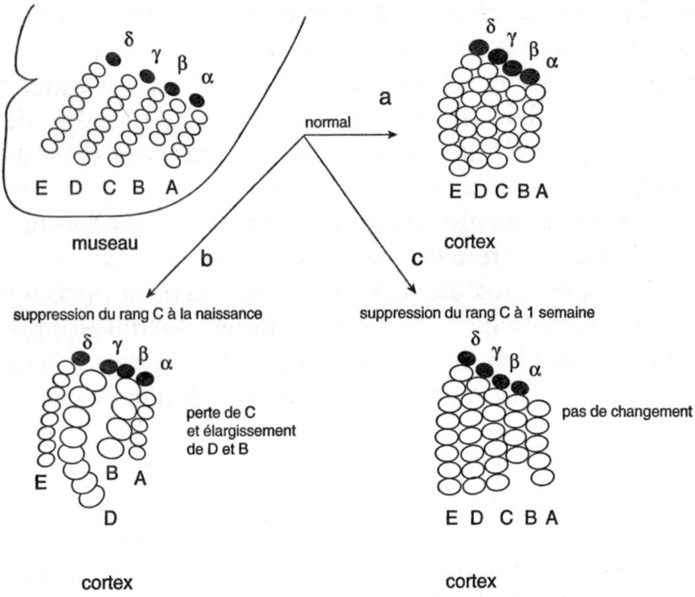

FIGURE 36 (a) – *Les vibrisses de la souris sont représentées topologiquement par l'organisation des tonnelets du cortex somato-sensoriel primaire.*
FIGURE 36 (b) – *La suppression, à la naissance, du rang C de vibrisses s'accompagne de la disparition des tonnelets correspondants avec envahissement par les tonnelets D de l'espace ainsi libéré.*
FIGURE 36 (c) – *La suppression de ce même rang C de vibrisses à sept jours après la naissance n'est pas suivie d'une réorganisation.*
(D'après T. A. Woolsey, J. R. Wann, « Areal changes in mouse cortical barrels following vibrissal damage at different postnatal ages », Journal of Comparative Neurology, *vol. 170, 1976, p. 53-66.)*

museau contenant les vibrisses », mais à une période où l'établissement des connexions est encore influençable. Si nous nous attachons à comprendre ce qui se passe au niveau physiologique, il est probable que cette influence périphérique est liée à l'activité sensorielle, c'est-à-dire à l'activité électrophysiologique, donc à la sécrétion de neuromédiateurs. Pour examiner ce point plus précisément, il convient d'entrer dans certains détails de l'anatomie du système et de la cinétique des événements. D'abord, les neurones sensoriels des vibrisses ne se connectent pas directement avec les cellules du cortex sensoriel. Comme nous l'avons vu plus haut, il existe un relais dans le tronc cérébral, c'est le noyau trigéminal, puis dans le thalamus, et ce sont les fibres thalamiques qui innervent la région vibrisse de l'homunculus cortical *(figure 37)*. Si on observe par une technique de coloration – sur laquelle je n'insiste pas – l'organisation au niveau de ces différentes structures, on constate que la représentation en tonnelet est présente dans le noyau trigéminal, dans le thalamus et dans le cortex ce qui, avec les vibrisses elles-mêmes, nous fait déjà quatre homunculus [11].

Il a été proposé que l'organisation de ces territoires se fait en cascade, à partir de la stimulation mécanique des vibrisses *in utero*, ce qui veut dire qu'elle est liée à l'activité physiologique. Bloquer cette activité doit donc interférer avec la morphogénèse, puisque cette apparition des tonnelets est un événement morphogénétique. Une des façons de bloquer cette activité est d'annuler l'action d'un neuromédiateur de type activateur très répandu et qui n'est autre que le glutamate [12]. Pour ce, on peut soit introduire une substance, un antagoniste du glutamate, qui empêche le

---

11. Il y en a, en fait, déjà huit, car la projection se fait en quatre domaines du thalamus et il y a deux aires sensorielles primaires SI et SII. Si on ajoute les homunculus moteurs (car il faut bien qu'ils les bougent, leurs « moustaches »), on voit qu'on est déjà dans l'ordre de la dizaine. L'inflation est immédiate si nous ajoutons les projections vers le striatum, le cervelet, etc. Je dois aussi souligner qu'au niveau trigéminal et thalamique, le terme de tonnelet est impropre. Je le conserverai quand même pour ne pas – tout en le regrettant, car cela eût fait savant – compliquer inutilement la nomenclature.

12. Beaucoup de neuromédiateurs sont des acides aminés ou des dérivés d'acides aminés. Parmi eux, le glutamate est le neuromédiateur de type excitateur le plus abondant. Ce léger « picotti » des pommettes à la sortie du restaurant chinois est la marque d'une nourriture chargée en glutamate.

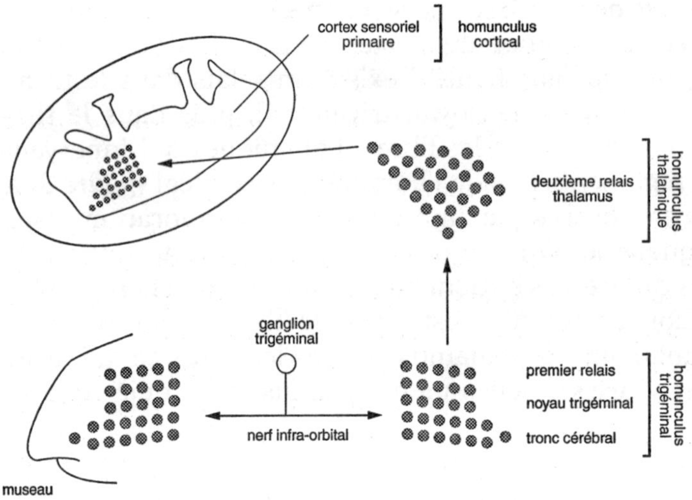

FIGURE 37 – *La projection sur la zone vibrisse du cortex somato-sensoriel n'est pas directe. Conformément au schéma de la figure 33, elle passe par le nerf sensoriel infra-orbital, effectue un premier relais au niveau du noyau trigéminal dans le tronc cérébral (pons), puis un deuxième relais au niveau thalamique. À chaque niveau, on peut observer la présence d'un homunculus.*
(D'après Y. Li et al., *« Whisker-related neuronal patterns fail to develop in the trigeminal brainstem nuclei of* NMDAR1 *knock-out mice »,* Cell, *vol. 78, 1994, p. 427-437.)*

neuromédiateur de se fixer sur son récepteur au niveau des synapses, soit carrément déléter l'animal de son récepteur par la technique de knock-out génétique ou encore ablation du gène codant pour le récepteur. Du fait de la grande importance du glutamate comme neuromédiateur, le knock-out du gène est délétère ; les animaux ainsi manipulés génétiquement meurent très vite soit un peu avant, soit un peu après la naissance. On peut cependant, par des soins attentifs, permettre leur survie jusqu'à deux jours après la naissance, stade auquel les tonnelets sont clairement visibles dans le ganglion trigéminal et dans le thalamus. L'examen des animaux sans récepteurs, donc sans activité excitatrice, incapables de relayer vers le centre ce qui se passe à la périphérie, démontre l'absence de l'organisation spatiale caractéristique, autrement dit, un défaut de morphogénèse.

Pour revenir au niveau le plus supérieur, celui du cortex sensoriel, il doit être dit qu'au départ l'ensemble des fibres en provenance du thalamus, ou plutôt de la zone vibrisse de son homonculus, se répartissent d'abord de façon uniforme, sans tonnelets, au sein de la zone corticale correspondante, puis, petit à petit, ségrègent pour former les tonnelets corticaux *(figure 38)*. Si on utilise la deuxième technique, celle qui consiste à introduire un antagoniste du glutamate au niveau cortical, on constate que les tonnelets se forment même en absence d'activité. Contrairement à ce qui se passe avec le knock-out du récepteur, qui bloque toute activité, même *intra utero*, la formation du patron a pu être engagée à la naissance et ne dépend plus ou peu de l'activité générale. Par contre, le système est encore suffisamment plastique, on l'a vu, pour s'adapter à la lésion du rang C par une perte des tonnelets correspondant et un agrandissement du territoire occupé par les tonnelets D qui sont en position adjacente. Cette dernière adaptation, qui se trouve partiellement perdue en présence de l'antagoniste glutamatergique, est donc, elle, bien dépendante de l'activité.

De cette discussion un peu longue et technique, on peut tirer les enseignements essentiels suivants. Premièrement, le patron général du système nerveux central est établi très tôt par l'expression des gènes de développement, dès la formation de la plaque neurale, c'est-à-dire au moment de l'induction neurale. Deuxièmement, dans la définition morphologique des grandes structures, une certaine plasticité est permise jusqu'à des stades relativement avancés comme le prouvent les expériences de transplantation de cortex

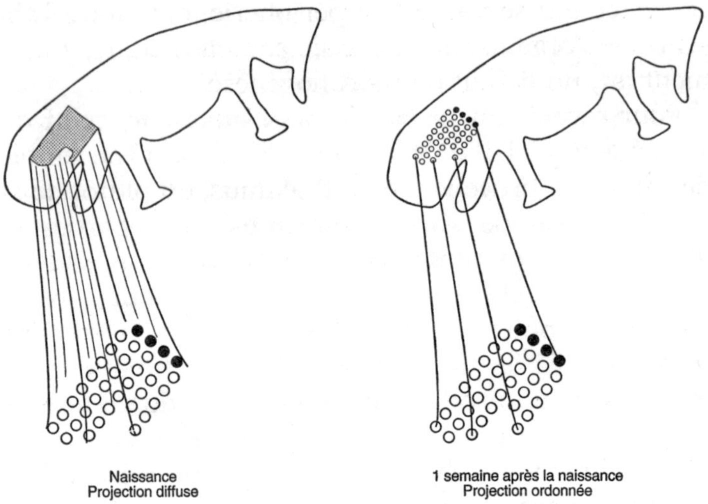

FIGURE 38 – *Les projections thalamo-corticales sont d'abord diffuses à l'intérieur du territoire vibrisses, puis les terminaisons se réarrangent.*

visuel dans du cortex moteur [13] ou l'induction d'un tectum ou d'un cervelet « mal placé » après transplantation de l'isthme ou introduction d'une bille recouverte de FGF-8 dans le diencéphale ou le rhombencéphale [14]. Troisièmement, sur la base d'un patron génétiquement déterminé et caractéristique de l'espèce, le raffinement des cartes cérébrales est lié à l'activité physiologique, c'est-à-dire aux interactions entre l'organisme et son milieu : il constitue donc une adaptation à ce milieu ou, si l'on préfère, un apprentissage du milieu. Pour une très large part, cette dernière plasticité, qu'on dira tardive, s'exerce au niveau de la formation des connexions, c'est-à-dire de la croissance directionnelle des fibres nerveuses et de l'établissement des contacts interneuronaux. Elle fait intervenir l'activité électrophysiologique et donc la

13. Voir chapitre VIII.
14. Voir chapitre X.

libération de neuromédiateurs, mais nécessite également d'autres facteurs, de nature protéique, en particulier des facteurs de croissance [15]. Une implication importante des gènes de développement, en particulier ceux dont l'expression est maintenue aux stades tardifs de la maturation du système nerveux, voire chez l'adulte, nous paraît une hypothèse plausible sur la base des expériences discutées dans le chapitre précédent.

Si cette plasticité morphologique de la cellule nerveuse constitue une des modalités de l'adaptation au monde, il est important de constater que la forme des neurones peut changer même chez les vertébrés adultes. Cela a été démontré il y a longtemps par des expériences d'enrichissement ou d'appauvrissement du milieu [16] et, plus directement, par l'examen de la forme du même neurone sur une période de un mois. La *figure 39,* empruntée à un travail déjà ancien du groupe de Purves, démontre que, en un court laps de temps, la forme des neurones peut subir des modifications profondes. C'est en reliant ces observations à la construction, mais aussi à la modification des réseaux neuronaux constitutifs des homonculus cérébraux, que j'ai pu avancer, dans *La Biologie dans le boudoir* [17], qu'on ne pense pas seulement avec son cerveau mais aussi avec son corps, et que, pour un pia-

15. Je n'ai pas présenté dans cet essai tous les acteurs du jeu développemental. Les facteurs de croissance, les protéines de la matrice extracellulaire et bien d'autres molécules importantes ont ainsi été laissés de côté. En ce qui concerne les facteurs de croissance, je citerai simplement la famille des NEUROTROPHINES qui assurent la survie et la différenciation de nombreux neurones. La première NEUROTROPHINE, plus connue sous le nom de FACTEUR DE CROISSANCE DU NERF ou NGF, a été découverte par R. Lévi-Montalcini et V. Hamburger dans l'immédiat après-guerre.

16. L'enrichissement du milieu, par exemple la possibilité pour des ratons de jouer, a des effets importants sur la morphologie fine des cellules nerveuses.

17. Paris, Odile Jacob, 1995.

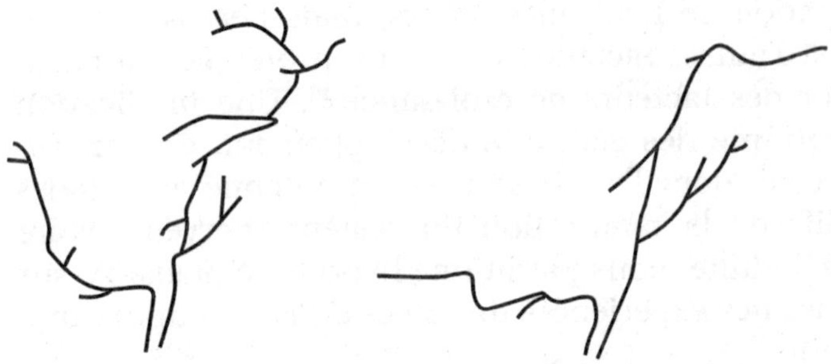

FIGURE 39 – *Changement de morphologie d'un neurone sensoriel de lapin sur une durée de un mois.*
(D'après D. Purves, R. D. Hadley, « Changes in the dendritic branching of adult mammalian neurones revealed by repeated imaging in situ », Nature, *vol. 315, 1985, p. 404-406.)*

niste ou un danseur, la main ou le pied participent de la pensée dans la mesure où l'activité sensorielle au niveau de ces organes, supérieure à ce qu'elle est chez d'autres individus, peut conduire à leur sur-représentation cérébrale au niveau sensoriel et moteur. C'est également ce que j'ai résumé – toujours dans le même ouvrage de biologie sadienne – par une autre formule lapidaire dont on reconnaîtra la part due à Cabanis [18] : « Si le cerveau sécrète la pensée comme le foie sécrète la bile, c'est aussi parce que la pensée, comprise comme l'ensemble de nos interactions avec le monde, sécrète, à sa façon, le cerveau. » On voit là que ces deux formules n'étaient, dans mon esprit en tout cas, ni des boutades ni une simple provocation.

Il me reste pour conclure à revenir à nos mollusques. La façon dont le poulpe interagit avec son environnement, ainsi que je l'ai illustré par la chaîne d'événements induits par la vue d'un prédateur, est évidemment innée. On dira donc qu'il a une pensée

18. P. Cabanis (1757-1808), philosophe et médecin français.

innée ou une connaissance innée du bien et du mal, de l'amical ou du dangereux. Cette connaissance, fruit de la sélection naturelle, est liée à une organisation neuronale, fût-elle purement sensori-motrice. La forme des circuits neuronaux – trajets axonaux et synapses – permettant la reconnaissance d'une forme et la mise en route d'un programme comportemental est donc essentiellement génétique, marquée par l'appartenance à l'espèce ; mais elle reste une forme de connaissance, d'intelligence animale, une mémoire de l'évolution. Les gènes de développement jouent leur rôle dans la construction, à chaque génération, des copies à l'identique de cette mémoire de l'espèce. Même si une certaine plasticité peut amener le poulpe, comme d'autres invertébrés – le nématode ou la drosophile –, à apprendre, on peut dire qu'il y a peu de place pour l'individuation dans la construction de ces organismes.

Il en va à la fois de même et tout différemment des vertébrés. Il serait idiot de nier la part génétique de la construction du cerveau humain : ce serait nier l'appartenance à l'espèce et la mémoire évolutive. On aura beau faire, on ne fera pas naître un chimpanzé d'un œuf humain, sauf à être capable, justement, d'intervenir sur cette part génétique, sur cette mémoire de l'évolution [19]. Mais dans cette « corbeille génétique », on trouve aussi ces stratégies de développement marquées par un ralentissement du développement et une plasticité accrue du système nerveux qui introduisent une dimension individuelle dans l'adaptation [20]. L'in-

19. Je ne dis pas que cela ne sera pas un jour de l'ordre du possible.

20. Si on a bien suivi ce qui a été dit du rôle des gènes de développement, en particulier des homéogènes, à la fois dans la construction du plan général du cerveau, qui participe de la mémoire de l'espèce et dans la croissance et la plasticité des fibres nerveuses, qui participent de la mémoire de l'individu, on trouvera

dividuation est un long apprentissage au milieu et à ses variations. Elle représente, sur fond de mémoire de l'espèce, une mémoire de l'individu, une modalité plus ou moins réussie de son adaptation au monde. Cette part est évidemment poussée à l'extrême chez l'homme, grâce en particulier à l'invention du langage, par lequel la construction cérébrale, qui ne cesse qu'avec la mort, devient dépendante, pour une part considérable, des interactions avec le monde, c'est-à-dire, et toujours dans les limites définies par l'appartenance à l'espèce, de l'histoire individuelle. Voilà pourquoi, si l'homme est un individu extrême, c'est parce qu'il est un individu social-extrême [21].

---

frappant que, par un effet de néoténie, les mêmes gènes soient engagés dans les deux formes de mémoire.

21. Voir *Les stratégies de l'embryon, op. cit.*

Chapitre XII

AINSI PARLENT LES HOMUNCULUS

Je voudrais, dans ce dernier chapitre, donner quelques indications ou, si l'on préfère, partager certaines réflexions sur la construction et l'évolution du rapport adaptatif au milieu. Pour spéculative qu'elle soit, la question est d'importance puisque, on s'en souviendra, c'est ce rapport que j'ai défini comme constitutif de la pensée – au sens bernardien ou darwinien [1] –, beaucoup plus riche, évidemment, que celui de manipulation consciente de propositions logiques [2], associé habituellement à l'idée de pensée.

Je défendrai ici la thèse selon laquelle l'information spatiale est primordiale pour ce qui est de l'analyse du milieu et que la différenciation du cerveau antérieur a répondu à la nécessité de lier des réflexes d'ordre sensori-moteur à d'autres modalités sensorielles, principalement – et chez nos ancêtres les premiers mammifères – la vue, l'ouïe et l'odorat.

---

1. On se souviendra sans doute que, selon G. Canguilhem, Darwin comme Bernard ont transformé le rapport au milieu qui cesse d'être le milieu-éther des physiciens du XIXe siècle pour devenir un milieu vivant, bouleversant ainsi la notion d'adaptation (voir chapitre I).
2. Le fameux « Amédé aime la glace au chocolat ».

De fait, si l'on regarde dans la *figure 40* l'étendue dévolue chez un mammifère primitif comme l'ornithorynque à chacun de ces sens, on constatera que c'est presque la totalité du cortex qui est couverte, avec une part majeure pour les afférences de type tactile (domaine SI) et les afférences motrices (domaine M) dont nous avons déjà vu l'organisation homunculaire, donc spatiale.

Curieusement, il semble qu'au niveau cortical, une organisation spatiale soit également nécessaire pour une première analyse de nombreuses modalités, autres que tactiles. C'est évident pour la vision et nous avons passé suffisamment de temps sur les questions de rétinotopie pour ne pas y revenir. Mais c'est également vrai pour l'audition avec, au niveau des aires auditives primaires, une distribution cartographique ordonnée – une tonotopie – des neurones répondant à différentes fréquences *(figure 41)*. Cela est encore plus frappant pour les neurones olfactifs. Les récepteurs qui perçoivent les odeurs sont localisés dans la muqueuse olfactive de part et d'autre de la cloison nasale. Ces neurones récepteurs (un peu comme les vibrisses des souris) envoient leurs fibres vers une structure centrale appelée bulbe olfactif [3], séparée en plusieurs sous-structures : les glomérules olfactifs qui sont comme les tonnelets des vibrisses. Chaque neurone récepteur répond à une odeur chimiquement définie, mais tous les neurones qui perçoivent cette odeur sont dispersés dans la muqueuse olfactive. Il n'y a pas, pour imager, une région du nez pour sentir la rose et une autre pour sentir le vinaigre. Cependant, si on identifie tous les neurones de la muqueuse qui répondent à un stimulus olfactif, un et un seul, on réalise qu'ils convergent tous vers un seul glomérule

3. C'est le seul cas connu de non-passage par le thalamus. L'exception qui confirme la règle.

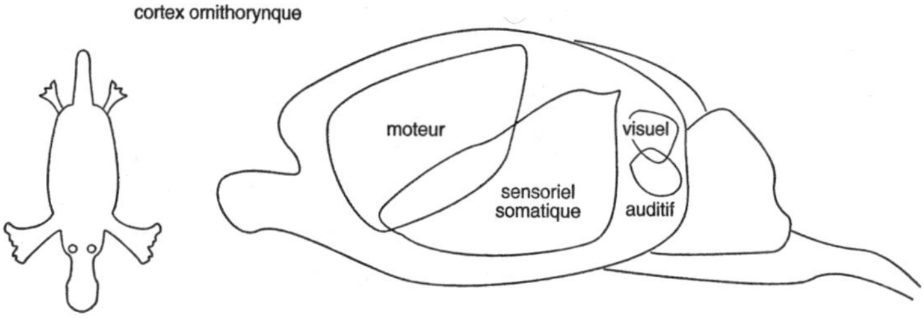

FIGURE 40 – *Importance des cortex sensoriel et moteur primaires chez un mammifère primitif comme l'ornithorynque. Notons que les deux cortex ont une région commune. Par ailleurs, la part du cortex dévolue au seul « bec » est extrême (point non représenté sur cette figure).*
(D'après J. I. Johnson, in E. J. Jones, A. Peters (eds), Cerebral Cortex, *vol. 8B, Plenum Press, 1990, p. 335-449.)*

(voir *figure 41*). Là encore, l'information qualitative « telle ou telle odeur » a été transformée en information spatiale avant d'être transférée au cortex olfactif pour analyses complémentaires.

De ces exemples, il semble ressortir que l'analyse corticale exige un code spatial, maintenu s'il est là de prime abord – c'est le cas de la vision ou du toucher –, introduit par un véritable processus de traduction quand il est absent – c'est le cas des fréquences ou des odeurs. Ce sera mon hypothèse que cette transformation relève d'une nécessité évolutive dans la mesure où chaque invention corticale a dû se construire comme perfectionnement du comportement sensori-moteur primitif qui est directement lié au concept d'espace [4]. Cette hypothèse ne fait d'ailleurs que reprendre l'idée ancienne du cerveau comme complexification de l'arc réflexe permettant, selon les recommandations de bon sens même, de penser avant d'agir.

Si maintenant nous regardons un peu l'évolution du cortex, nous constatons que le processus évolutif a consisté à intégrer entre ces domaines initiaux spa-

4. Fuir l'objet dangereux vu ou senti, atteindre l'objet convoité.

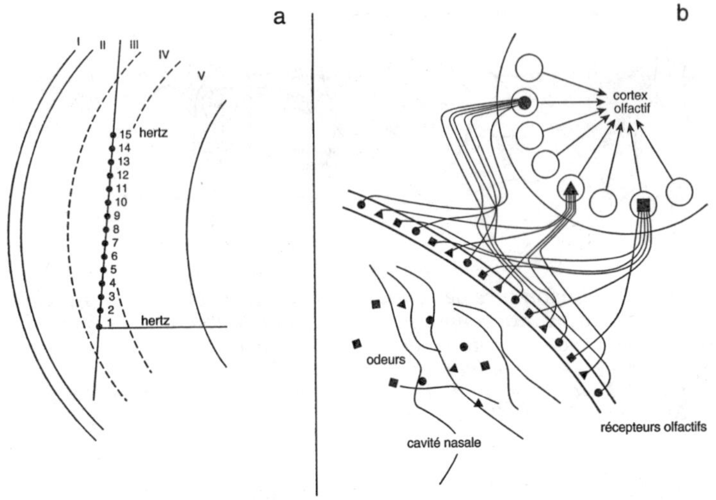

FIGURE 41 (a) – *L'enregistrement dans la couche* IV *du cortex auditif de l'oppossum montre le long de la ligne traversant ce cortex une disposition des cellules en fonction de la fréquence. Cette tonotopie transforme l'information fréquence en information spatiale.*
(b) – *Les récepteurs de l'épithélium olfactif sensibles à la même modalité convergent tous vers le même glomérule. C'est un autre cas de spatialisation de l'information sensorielle.*
(D'après M. Rouse, in – *E. J. Jones, A. Peters (eds),* Cerebral Cortex, *Plenum Press, 1990, p. 263-334.)*

tialisés et spécialisés d'autres aires dites sensorielles ou motrices d'ordre supérieur, associatives ou encore limbiques, qui peuvent rendre compte de l'influence de notre réflexion, de nos souvenirs ou encore de nos motivations aversives ou désirantes sur nos actions *(figure 42)*. Comme dans le cas du scénario imaginaire de la duplication des gènes ayant permis la duplication des segments et l'invention de nouveaux organes chez les invertébrés (voir chapitre III), une hypothèse sur l'apparition de nouvelles aires est que certaines zones de la protocarte cérébrale (voir chapitre VIII) se seraient dupliquées, permettant ainsi l'apparition de nouvelles aires, en particulier les

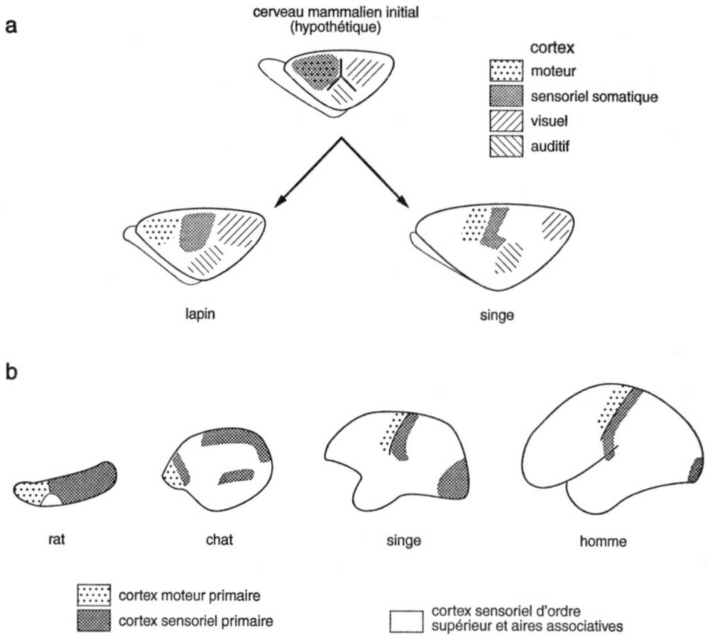

FIGURE 42 (a) – *Schéma d'évolution des aires corticales à partir d'un mammifère initial hypothétique. Notons la superposition de l'aire sensorielle et de l'aire motrice, puis leur séparation, enfin l'augmentation toujours plus importante, surtout chez les primates, des aires associatives.*
(b) – *Même constatation avec la comparaison des cerveaux de rat, de chat, de singe et d'homme et celle de l'importance des aires associatives et des aires sensorielles d'ordre supérieur. Notons que non seulement ces cartes sont à l'échelle, mais qu'elles ne tiennent pas compte des circonvolutions.*
(D'après P. J. Morgane et al., in *E. J. Jones, A. Peters (eds),* Cerebral Cortex, *vol. 8B, Plenum Press, 1990, p. 215-262 ; et E. R. Kandel, J. H. Schwartz, T. M. Jessel (eds),* Principles of Neural Sciences, *3e edition, Elsevier, 1991.)*

aires sensorielles d'ordre supérieur [5] *(figure 42)*. L'organisation du cortex en feuillet [6] a permis cette

---

5. Il existe plusieurs aires visuelles, auditives, etc. Celles qui reçoivent l'information brute et qui, pensons-nous, la spatialisent sont dites primaires. Les autres, qui la traitent, sont dites d'ordre supérieur.
6. Rappelons que l'épaisseur du cortex de mammifères varie de

augmentation de surface, la feuille cérébrale se logeant dans la boîte crânienne en se plissant en circonvolutions cérébrales.

Le passage par ces différentes aires pour le traitement de l'information sensorielle constitue une forme de pensée et il est justifié, à ce titre, de proposer, comme cela a été fait à maintes reprises, que ce qui marque l'appartenance à une espèce est d'une part la surface du cortex cérébral (deux mètres carrés pour l'homme) et surtout, pour une surface donnée, l'importance relative des domaines engagés dans différentes fonctions [7]. Ainsi qu'on peut le constater dans la *figure 42*, l'homme se caractérise par un développement important des surfaces dites associatives et, même si elles ne sont pas représentées ici, par une explosion de la surface des aires dévolues à la production et l'analyse du langage. Quelles que soient cependant ces étapes intermédiaires [8] entre les entrées sensorielles et les sorties motrices, elles doivent, directement ou indirectement, être liées aux homunculus sensoriels et moteurs. Par conséquent, elles doivent prendre une allure homunculaire, ce qui, dans leur construction comme dans leur fonctionnement, donne une importance capitale à l'information positionnelle. On pourrait même dire, en étendant ce que l'on observe pour l'odorat ou l'ouïe, que ce passage par une représentation géométrique est indispensable

---

un (chez la souris) à quatre millimètres (chez l'éléphant). Pour l'homme, elle est de trois millimètres.

7. On voit pourquoi j'ai souligné plus haut l'importance évolutive de l'internalisation de la plaque neurale et de la formation du tube.

8. Ces étapes sont intermédiaires sur le plan évolutif et fonctionnel. Cela ne les empêche pas d'avoir acquis, parce qu'elles communiquent entre elles à l'aide en particulier des voies cortico-corticales des couches II et III du cortex (voir chapitre VI), une autonomie de conversation qui peut se produire indépendamment des entrées sensorielles ou des sorties motrices.

à une bonne intégration dans le processus de la pensée [9].

Même si l'on ne me suit pas pour étendre la dimension homunculaire à toutes les opérations permises par le cortex et les noyaux sous-corticaux, il demeure qu'on peut s'entendre sur l'existence d'un nombre très grand de représentations homunculaires présentes aux différents niveaux de ce qui monte de la périphérie et de ce qui y retourne [10]. Or ces homunculus, tout déformés soient-ils, restent, pour ce qui est de leur forme, caractéristiques de l'espèce, c'est-à-dire qu'ils ont un rapport avec l'homunculus génétique représenté sur le génome sous la forme, dans le cas des vertébrés, des quatre complexes Hox.

Seulement voilà, si l'on comprend bien, sinon dans le détail en tout cas dans le principe, grâce à la règle de colinéarité, comment cette forme génétique peut se transformer en forme organique pour ce qui est de ce que nous appelons usuellement notre corps, c'est-à-dire cet homunculus dont nous observons de l'autre côté du miroir la lente et inexorable modification, il est plus difficile de comprendre le codage génétique des homunculus cérébraux. En effet, les gènes de développement de la famille Hox, celle qui constitue l'homunculus génétique, ne sont pas exprimés dans le cerveau défini comme la région qui s'étend du rhombomère 1 au prosomère 6 (voir chapitre X). Quant aux autres gènes de développement, ceux qui, comme *OTX*, *EMX*, *DLX* (voir *figure 31*) permettent de segmenter le cerveau en neuromères [11], ils ne peuvent représenter

---

9. Spéculation toute personnelle qui n'engage aucun de mes collègues.

10. Pour les seules vibrisses nous en avons compté au bas mot une bonne dizaine. On le voit, il y a du monde là-dedans.

11. Le cerveau est ici considéré comme la séquence des neuromères suivants : rhombomère 1, isthme, mésencéphale et prosomères 1 à 6.

directement les homunculus cérébraux, comme les gènes des complexes Hox représentent le corps, pour la double raison qu'ils sont dispersés sur différents chromosomes et que les différents homunculus corticaux, par exemple l'homunculus sensoriel SI, ne respectent pas cette topologie neuromérique.

Cette difficulté constitue une question cruciale pour qui s'intéresse au rapport de la périphérie au centre. Elle met au premier plan cette structure diencéphalique, le thalamus, puisque nous avons vu que les fibres périphériques, c'est-à-dire celles qui sont sous contrôle des gènes homunculaires, les gènes *HOX*, y aboutissent. Mieux, nous avons également vu [12], dans le cas des vibrisses de souris, qu'une modification de l'activité de ces fibres sensorielles conduit à une modification de la construction de l'homunculus thalamique et, en chaîne, des homunculus corticaux. Il y a donc bien au niveau du thalamus comme une sécrétion ou, si l'on préfère, une impression de l'homunculus du miroir, qui est directement lié à l'homunculus génétique. Cette sécrétion n'est pas uniquement point à point et liée à la seule activité, puisque, par des connexions intra- et inter-homunculaires, ce sont les différentes régions des homunculus qui sont associées dans un rapport qui reflète les liens entre les différents points de l'homunculus du miroir.

La *figure 43* illustre donc ce passage entre les différentes représentations, depuis l'homunculus génétique jusqu'aux différents homunculus cérébraux, et met en évidence l'importance des afférences thalamiques dans cette construction. Elle montre également que ces représentations cérébrales, parce que leur construction passe par les fibres sensorielles, sont hautement déformables et que ces déformations sont

12. Voir chapitre XI.

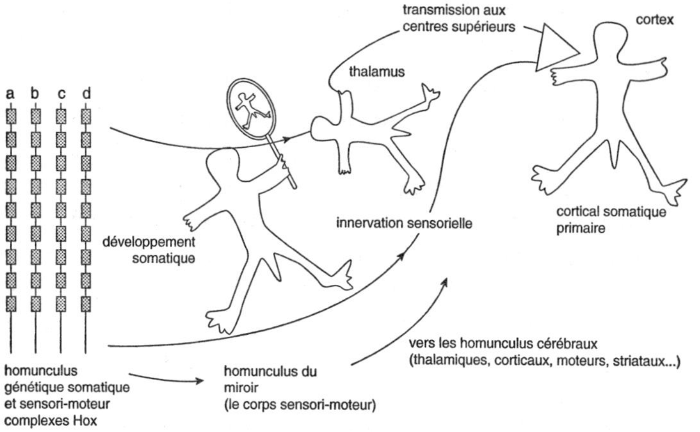

FIGURE 43 – *Passage de l'homunculus génétique (Hox-C) à l'homunculus du miroir, c'est-à-dire au corps comme surface interne et externe de sensations, puis,* via *les fibres ascendantes, au premier homunculus cérébral, l'homunculus thalamique, et en cascade aux autres homunculus. Si les homunculus thalamiques sont dits les premiers cérébraux, c'est parce que le thalamus est le premier relai dans lequel les cellules n'expriment pas de gènes du complexe Hox.*

en rapport avec les stimulations sensorielles [13]. Ajoutons que, de par la nature néoténique de nos organismes, c'est-à-dire par la capacité qu'ont les neurones de continuer à se former ou, c'est égal, à se déformer au cours du temps, ces homunculus thalamiques et corticaux sont, dans une certaine mesure, modifiables. C'est ce que j'ai appelé plus haut l'adaptation par individuation et défini comme une des modalités de la

13. C'est ce que j'ai voulu dire dans *La Biologie dans le boudoir* quand j'ai affirmé qu'on pense avec ses mains ou avec ses pieds et que pour un pianiste ou un danseur chez qui la sensibilité de ces organes est travaillée au-delà de ce qu'on peut trouver chez un bûcheron ou un universitaire, ces modalités de la pensée sont, évidemment, très importantes. Je confirme donc – et signe – tout en précisant que les homunculus étant en communication, ce ne sont pas les seules représentations sensorielles primaires de ces organes qui se trouvent engagées dans ces pensées particulières. Il ne faut donc pas confondre penser avec ses pieds et penser comme un pied, ce dont même les universitaires sont capables.

pensée, si on veut bien accepter que celle-ci n'est pas déposée dans le cerveau [14] mais bien présente dans le rapport qui unit les organismes à leur milieu.

Si nous repartons de la *figure 43*, nous pouvons faire deux observations. La première est que nous ignorons les mécanismes permettant, à travers l'innervation sensorielle, une sécrétion – en particulier au niveau thalamique – de la forme génétique. On pourrait supposer qu'il s'agit d'un simple reflet de l'activité, mais encore faudra-t-il comprendre comment cette activité permet que les différentes parts des homunculus se connectent de façon intra- et inter-homunculaire en respectant des rapports topologiques qui, même déformés, reflètent la topologie génétique des complexes Hox [15]. La deuxième est d'ordre évolutif. Il semble en effet que le développement d'un cerveau place entre la pure représentation génétique et la construction de l'organisme une étape d'adaptation au milieu qui requiert une interaction sensorielle. Bref, qu'il y aurait deux mémoires, l'une purement génétique et l'autre qui, sur la base d'un patron génétique, serait construite par l'expérience sensible.

14. Le philosophe et mathématicien Gilles Châtelet ajouterait « comme de la confiture dans un pot ».

15. Sur la base d'expériences faites dans mon laboratoire et démontrant que les protéines à homéodomaine peuvent être internalisées par les cellules et même sécrétées, nous pouvons proposer que les facteurs de transcription de la famille Hox sont transportés par les axones au niveau thalamique et qu'ils passent dans les cellules de cette région diencéphalique, y apportant l'information positionnelle de l'homunculus génétique. Cette hypothèse, considérée comme absurde par la très grande majorité des embryologistes, est en cours d'analyse.

Conclusion

Forme et mémoire

Nous avons, au cours de ces pages, parcouru certaines étapes du développement et de l'évolution du système nerveux. Nous avons vu tout ce qui nous rapproche, nous vertébrés de la classe des mammifères, des autres vertébrés, reptiles et oiseaux, mais aussi des autres embranchements, en particulier ceux des arthropodes – crustacés et insectes –, des mollusques et des nématodes [1]. Bref, la génétique démontre [2] que nous avons bien un ancêtre commun avec la langouste et la mouche, on s'y était presque fait, mais également avec les nématodes, ce qui, malgré l'aide de la *figure 44,* peut sembler plus difficile à admettre.

Si nous comparons maintenant les stratégies d'adaptation mises en œuvre par ces différentes espèces, il semble qu'elles aient des points communs et des points de divergence. Aussi différents soient-ils,

1. Rappelons que parmi les triploblastiques (trois feuillets) non chordés, les acœlomates (nématodes) se séparent des cœlomates qui, eux-mêmes, peuvent être divisés en différents embranchements dont les mollusques et les arthropodes. Parmi les chordés, nous avons déjà rencontré les céphalochordés avec Amphioxus et les vertébrés à mâchoire (sous-embranchement des gnathostomes).

2. Au sens non poppérien, mais tant pis !

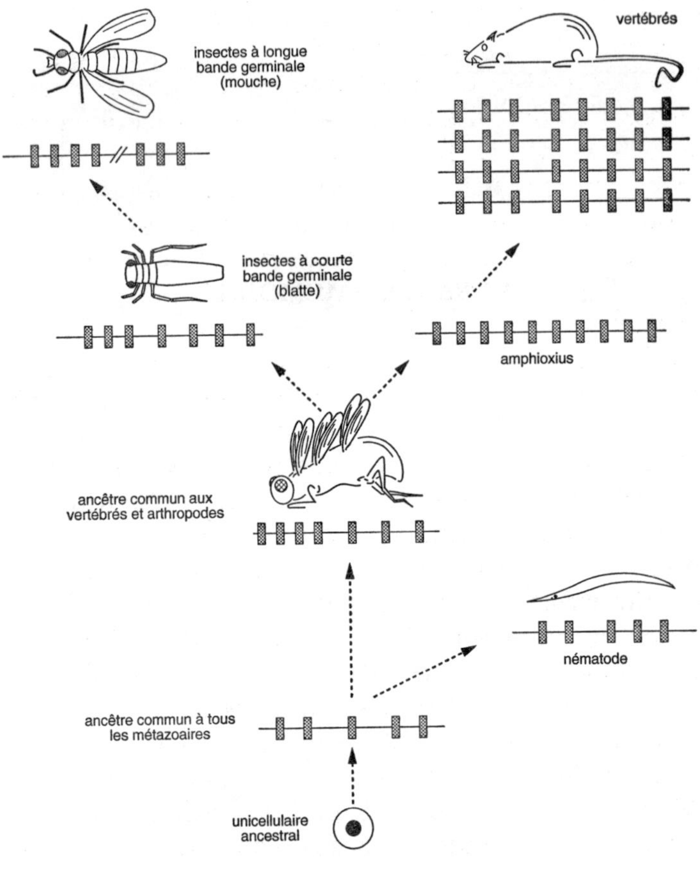

FIGURE 44 – *Cette figure complète l'arbre généalogique imaginaire de la figure 4 en introduisant un ancêtre des métazoaires, donc une branche partant vers les nématodes, puis en plaçant Amphioxus comme premier céphalochordé avec son complexe Hox unique entre l'ancêtre hypothétique partagé par les arthropodes et les vertébrés. Enfin, j'ai mis les insectes à courte bande germinale entre cet ancêtre commun et les insectes à longue bande germinale. Notons la cassure du complexe* HOM *qui s'est introduite entre la blatte et la mouche. Notons aussi que de ce point de vue nous sommes plus près des blattes que des mouches.*

ces processus adaptatifs ont partie liée avec des mécanismes développementaux et avec l'existence de patrons de développement dont le caractère héréditaire et génétique est rendu évident par l'aspect prédictible de la forme animale qui sortira d'un œuf une fois connue l'origine de cet œuf. C'est ce que j'ai appelé « l'expérience qui ne rate jamais ». Ces patrons sont eux-mêmes contrôlés par les gènes de développement qui définissent la forme des organismes et donc constituent leur mémoire, leur façon, à chaque génération, d'assurer un développement individuel conforme au schéma de l'espèce, de se souvenir, depuis l'unicellulaire ancestral, du chemin évolutif parcouru.

Mais si nous regardons la part de l'histoire individuelle dans la construction des individus, c'est-à-dire la part de jeu [3] laissée dans la contrainte génétique qui dicte l'appartenance à l'espèce et impose le respect de cette première mémoire, il est certain qu'elle varie considérablement avec la place laissée au hasard [4] dans la construction des organismes. Disons-le pour ne pas paraître schématique, aucun animal n'est entièrement génétiquement déterminé jusque dans la structure la plus fine de son être corporel. Il y a toujours place pour de l'aléatoire et donc pour une forme d'apprentissage individuel. Cela est vrai du nématode comme de la drosophile.

Mais, pourquoi le nier, cette part que prend l'histoire individuelle dans la construction des individus ne fait qu'augmenter au fur et à mesure que les aires corticales, multipliant les représentations, rendent la construction du cerveau dépendante de l'environnement sensoriel. L'invention du langage chez *Homo sapiens* pousse ce processus à ses limites actuelles. Cette influence de l'histoire de nos interactions sensorielles, sociales, affectives avec le milieu se poursuit tout au long de notre existence du fait du caractère

---

3. Au sens où l'on parle du jeu dans un mécanisme (« ça branle dans le manche »).
4. Au sens où l'on parle du hasard des rencontres.

inachevé, donc hautement déformable, des réseaux neuronaux qui sont à la base de la construction et de l'évolution morphologique des homunculus cérébraux. Cette plasticité adulte, nous avons parlé de néoténie, est liée au maintien de caractères embryonnaires et, nous le supposons, de l'expression continue de gènes de développement, les mêmes qui, ayant imposé la mémoire de l'espèce, définissent à travers la forme sans cesse changeante des homunculus celle des individus. La forme visible reste identique, ou se dégrade peu à peu, mais les formes internes, sous l'influence du milieu, continuent leur inventive sarabande. Ces inventions seront perdues à la mort de l'individu, sauf intervention de la culture, qui constitue la troisième mémoire et participe de ce que nous avons appelé le milieu.

La *figure 45* illustre donc les deux stratégies fondamentales d'adaptation. D'abord, celle des organismes qui, vivant au plus près de leur homunculus génétique, laissent une faible part à l'individuation, restent des unités d'un clone. Qu'une variation du milieu intervienne – baisse mortelle de la température, par exemple –, et quelques variants génétiques seront sélectionnés qui, rapidement, repeupleront le monde – dans cette figure, celui des nématodes. Ensuite, ceux qui ont suffisamment prolongé le temps du développement pour prendre, si j'ose dire, de la distance avec leur schéma génétique et qui, pour cette raison, se reproduisent plus lentement et en moins grand nombre, rendant impossible la stratégie d'adaptation clonale [5]. La seule solution adaptative pour ces espèces reste l'adaptation individuelle, ce que j'ai

5. Qu'on réfléchisse aux chances de survie d'une espèce qui aurait adopté la stratégie clonale, chez qui la maturité sexuelle se produirait après quinze années de développement et dont les individus se mettraient à deux pour, à chaque génération, pondre deux à trois survivants.

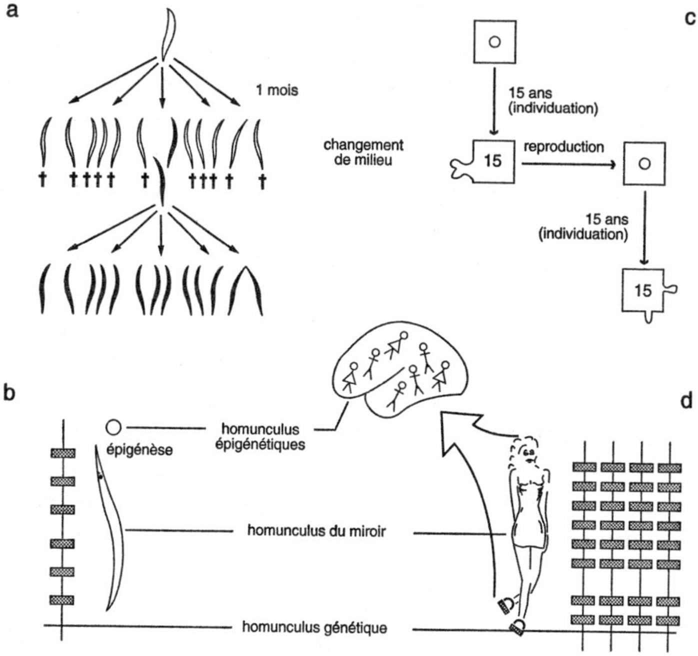

FIGURE 45 (a) – *Chez un métazoaire se reproduisant vite et très génétiquement déterminé, l'adaptation se fait par sélection clonale.*
(b) – *La place de l'épigénétique, c'est-à-dire ici de l'apprentissage individuel, est faible chez cet animal qui reste très proche de son point phylotypique ou, si l'on préfère, de son homunculus génétique.*
(c) – *Chez un vertébré, ici* Homo sapiens, *l'individu se reproduit lentement et l'adaptation se fait au niveau individuel, donc par individuation. À la génération suivante, la forme est encore vierge, prête pour de nouvelles individuations.*
(d) – *C'est par la construction de représentations cérébrales constamment déformables au niveau des réseaux de neurones, que les vertébrés et* Homo sapiens *au plus haut point ont pris une grande liberté épigénétique vis-à-vis de leur point phylotypique.*

appelé à plusieurs reprises l'individuation. L'invention de cette deuxième modalité d'adaptation résulte de la sélection de stratégies de développement, elle est donc le résultat d'une organisation génétique. Mais, en même temps, elle permet de prendre de la distance par rapport à la pure contrainte génétique, le plan est donné, le calendrier également, mais à partir de là le milieu joue son rôle, et quel rôle !

Il me reste pour terminer à revenir pour le rectifier au schéma de la *figure 10*, c'est-à-dire à ce fameux point phylotypique. On s'en souviendra peut-être, j'ai indiqué que ce point correspondait au stade du développement auquel, quelle que soit l'espèce, les individus passent au plus près de leurs gènes *HOX*, c'est-à-dire au plus près, on l'aura compris, de ce que j'ai défini dans le chapitre précédent comme l'homunculus du miroir, celui dont le développement ne sera plus, passé ce point, qu'affaire d'agrandissement au sens photographique du terme. Nous voyons dans la *figure 45* que les individus appartenant à des espèces dont la stratégie d'adaptation repose sur la sélection clonale, restent dans leur développement très proches de leur point phylotypique, très proches donc de l'homunculus du miroir qui n'est autre que l'imago [6]. Pour lâcher le mot, leurs capacités épigénétiques sont réduites. Par contre, les espèces pour qui l'individuation constitue la réponse adaptative voient leur temps développemental allongé, et pour ce qui est des homunculus cérébraux, prolongé – par néoténie – aux limites de l'existence de l'imago, ce corps apparent, cet homunculus du miroir.

Si chez les vertébrés, et au plus haut degré chez l'homme, il est possible de s'éloigner épigénétiquement de ce point, de cet homunculus du miroir caractéristique de l'espèce et qui fait que, infailliblement, je sais distinguer un homme d'un singe, c'est parce que l'imago a donné asile – dans son cerveau – à ces ludions embryonnaires et inventifs qui trouvent des solutions

---

6. On se rappellera que l'imago est justement l'image de l'espèce. C'est aussi pourquoi la métamorphose, qui est un développement des disques imaginaux, n'est pas opposable au concept de développement photographique.

intelligentes aux provocations venues du dehors comme du dedans de l'organisme, et qui mettent en péril la survie de cette communauté d'homunculus qu'on appelle, sans doute à tort, un individu.

INDEX *

* Les folios en caractères italiques renvoient aux légendes des figures placées dans le texte.

TABLE

CET OUVRAGE A ÉTÉ TRANSCODÉ
ET ACHEVÉ D'IMPRIMER SUR ROTO-PAGE
PAR L'IMPRIMERIE FLOCH À MAYENNE
EN JANVIER 1997

N° d'impression : 40610.
N° d'édition : 7381-0448-X.
Dépôt légal : janvier 1997.
Imprimé en France